Valentin Häcker

Der Gesang der Vögel

Anatomische und biologische Grundlagen

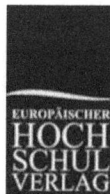

EUROPÄISCHER
HOCH
SCHUL
VERLAG

Häcker, Valentin

Der Gesang der Vögel
Anatomische und biologische Grundlagen

Reihe: Historical Science, Band 40

ISBN: 978-3-86741-355-8

Auflage: 1
Erscheinungsjahr: 2010
Erscheinungsort: Bremen, Deutschland

Cover: Foto © Viktor Stolarski / Pixelio

Bei diesem Titel handelt es sich um den Nachdruck eines historischen, lange vergriffenen Buches aus dem Verlag Gustav Fischer, Jena (1900). Da elektronische Druckvorlagen für diese Titel nicht existieren, musste auf alte Vorlagen zurückgegriffen werden. Hieraus zwangsläufig resultierende Qualitätsverluste bitten wir zu entschuldigen.

Der
Gesang der Vögel,

seine anatomischen und biologischen Grundlagen.

Von

Dr. Valentin Häcker,

a. o. Professor in Freiburg i. Br.

Mit 13 Abbild.  im Text.

Jena,
Verlag von Gustav Fischer.
1900.

G. Haberlandt

in Freundschaft zugeeignet.

Vorwort.

—

Die Instinkte der Thiere sind gerade in den letzten Jahren theils durch werthvolle experimentelle, theils durch theoretische, auf Begriffsbestimmungen und Begriffsscheidungen abzielende Untersuchungen dem allgemeinen Interesse näher gerückt worden. Verschiedene dieser Erörterungen, vor Allem auch die jüngsten, höchst interessanten Controversen über die geistigen Fähigkeiten der Bienen (Bethe, v. Buttel-Reepen u. A.), haben dabei aufs Neue gezeigt, wie sehr dem Experimente und der Theorie die fortwährende Fühlung mit den Erfahrungen des direkten Beobachters dienlich ist. So dürfte es denn gerechtfertigt erscheinen, wenn ein empirischer Beobachter, dem dabei die Vertrautheit mit den Hauptproblemen der Entwicklungslehre zu Gute kommt, den Versuch macht, eine spezielle Gattung von Instinkten einer methodischen, vergleichenden und entwicklungsgeschichtlichen Behandlung zu unterwerfen, ihren reflexartigen Vorstufen, sowie ihren Beziehungen zu anderen Instinktkategorien nachzugehen und so auf einem engeren Gebiete zu einem möglichst abgerundeten Gesamtbild zu gelangen.

Der Verfasser dieser Schrift hat sich seit zwei Jahrzehnten mit den Lebenserscheinungen und speziell mit den Lautäusserungen der einheimischen Vogelwelt beschäftigt, und so war es für ihn das Nächstliegende, gerade den Singinstinkt der Vögel zum Ausgangspunkt einer derartigen Untersuchung zu machen.

Dieselbe war zunächst als eine rein biologische gedacht, wie denn auch die Anregung zu derselben nicht zum wenigsten durch die Lektüre des Groos'schen Werkes „Die Spiele der Thiere" empfangen wurde. Jedoch haben verschiedene Einzelfragen, vor Allem das Problem des sexuellen Dimorphismus, sehr bald dazu geführt, auch die anatomischen Verhältnisse des Stimmapparats der Vögel in verschiedener Richtung einer näheren Prüfung zu unterziehen. Die dabei neu gewonnenen Ergebnisse sind zum Theil bereits früher (Anatomischer Anzeiger, 1898) veröffentlicht worden und sollen hier im Zusammenhang nochmals Erwähnung finden. Der Verfasser glaubt mit dieser anatomischen Einleitung dem einen oder andern Leser wenigstens insofern einen Dienst zu erweisen, als es zur Zeit an einer kurz gefassten Zusammenfassung der neueren, den Stimmapparat der Singvögel betreffenden Befunde und Anschauungen fehlt und vor Allem auch nur ganz wenige brauchbare bildliche Darstellungen zur Veröffentlichung gelangt sind, beziehungsweise in den Lehrbüchern Aufnahme gefunden haben.

Im Hinblick auf den hier erwähnten Untersuchungsgang wird es der Leser vielleicht weniger befremdlich finden, wenn dem eigentlichen Zwischenglied zwischen der anatomischen und biologischen Seite des Problems, nämlich der Physiologie der Stimmerzeugung, nur ein verhältnissmässig kleiner Raum zugewiesen, beziehungsweise keine speziellen Untersuchungen gewidmet sind.

Freiburg im Breisgau, Juni 1900.

V. Häcker.

Inhalt.

	Seite
Einleitung	1
Erstes Kapitel. Bau des Stimmapparats	3
Das Syrinxskelett	6
Die Singmuskulatur	9
Innervirung und Gefässversorgung der Syrinx	13
Schwingende Membranen und Stimmlippen	15
Vorgang der Stimmerzeugung	16
Zweites Kapitel. Spezifische Unterschiede und sexueller Dimorphismus	18
Spezifische Unterschiede	18
Geschlechtlicher Dimorphismus	23
Drittes Kapitel. Entwicklung des Singinstinktes	28
Theorien von Darwin, Wallace, Groos u. A.	28
Bedeutung und Entwicklung der einfachen Stimmelemente	32
Spezialisirung der einfachen Stimmelemente	37
Signalruf der Wandervögel	39
Paarungsruf und Gesang	41
Bedeutung der sexuellen Laute	46
Entwicklung des Vogelgesangs	53
Viertes Kapitel. Die übrigen Bewerbungserscheinungen	60
Trommeln der Spechte	61
Entwicklung der Flugkünste	63
Entwicklung der Balzkünste bei den Singvögeln	73
Zusammenfassendes über die Bewerbungskünste der Singvögel	78
Weitere Formen der Bewerbungskünste (Balzen des Birkhahns und Spiele der Kampfläufer)	80
Zusammenfassung und Schluss	86
Entwicklung und Bedeutung der Bewerbungsinstinkte	86
Reflexe, Instinkte, Spiele	91
Verzeichniss der öfter citirten biologischen Werke	94
Sach- und Namenregister	95

Die Singvögel im weiteren Sinne oder, wie wir jetzt gewöhnlich zu sagen pflegen, die Sperlingsartigen (Passeres, Passeriformes) bilden innerhalb der Klasse der Vögel eine ziemlich wohlumgrenzte Ordnung, zu deren wichtigsten Merkmalen der hochentwickelte Bau des Stimmapparats und die im Vergleich zu anderen thierischen Lauten bedeutende Modulirbarkeit der Stimme, die Fähigkeit zu „singen", gehört.

Die annähernd 6000 Arten dieser Ordnung gehören sämmtlichen Regionen der Erde an: selbst die höchsten nordischen Breiten entbehren nicht vollständig der Singvögel. Wenigstens hat die Nansen'sche Expedition noch jenseits des 84. Grades in den Eiswüsten wandernde Schneespornammern (Plectrophanes nivalis) beobachtet, die sich, wie aus dem Datum (Ende April und Mai) geschlossen werden kann, auf dem Frühjahrszug nach unbekannten, zwischen Franz-Josefsland und dem Pol gelegenen Inseln befunden haben mussten.

Wenn nun auch alle grösseren Landgebiete der Erde von Singvögeln bewohnt werden, so treten diese doch nicht überall als eigentliche Charakterformen der Fauna hervor. Zum mindesten machen sie sich nicht an allen Orten durch die Kraft, den Wohllaut und die Mannigfaltigkeit der Melodien in der Weise bemerkbar, wie dies für die Bewohner des mitteleuropäischen Laub- und Tannenwaldes gilt.

Thatsächlich scheinen das paläarktische und neben ihm das nearktische Faunengebiet hinsichtlich der Qualität des Vogelgesangs in vorderster Reihe zu stehen. In ersterem und zwar speziell in Mitteleuropa gehören die Gesänge von Nachtigall und Sprosser (Luscinia philomela und major), von Singdrossel und Zaunkönig (Turdus musicus und Troglodytes parvulus), von Buchfink und Feldlerche (Fringilla coelebs und Alauda arvensis), in

Nordamerika dagegen der hinsichtlich der Mannigfaltigkeit der Strophen unübertroffene Schlag der Spottdrossel (Mimus polyglottus) und der nächtliche, melancholische Gesang des Rosenbrust-Kernbeissers (Hedymeles ludovicianus) zu den auffälligsten Aeusserungen des Thierlebens.

In Bezug auf den Vogelgesang im tropischen Urwald gehen die Angaben der Reisenden, je nach Oertlichkeit und Jahreszeit und wohl auch nach dem persönlichen Geschmack des Beobachters, weit auseinander. In den Urwäldern Brasiliens und Guayanas machen sich namentlich die zu der Unterordnung der Schreivögel (Passeres Clamatores) gehörenden Glockenvögel (Chasmarhynchus) bemerklich. Die Männchen dieser Vögel, die schon durch ihr schneeweisses Gefieder und durch ihre den Klunkern des Truthahns ähnlichen erektilen Kopfanhänge in auffälliger Weise ausgezeichnet sind, besitzen eine ausserordentlich kraftvolle, metallische Stimme, die bei einigen Arten an den Ton einer hellen Glocke, bei anderen an das Klingen von Hammer und Ambos erinnert. Im Uebrigen scheint aber, nach brieflichen Mittheilungen von F. Dahl[1]), speziell in Brasilien der Gesang der Vögel auf sehr tiefer Stufe zu stehen, wogegen dieses Land hinsichtlich der Farbenpracht des Vogelgefieders vielleicht alle anderen Gebiete überragt.

Sehr grosse Gegensätze scheinen in den einzelnen Gebieten des Indischen Archipels zu herrschen. So berichtet Selenka[2]) voll Bewunderung von den Singvögeln Borneos, dass viele derselben durch eine das musikalisch gebildete Ohr des Europäers frappirende Klarheit und Klangfülle der Töne, durch das Melodienhafte des Gesanges und durch die Akkuratesse in der Wiedergabe der Melodien ausgezeichnet sind und in dieser Hinsicht die besten unserer einheimischen Sänger übertreffen. Auch Dahl war überrascht, in dem Urwald-ähnlichen botanischen Garten von Singapore recht gute Sänger zu vernehmen, und Haberlandt[3]) hat im javanischen Urwald in den Morgenstunden „ein grosses Singvogelconcert, ein lustiges Zwitschern und Trillern, zumeist aus recht kräftigen Vogelkehlen" gehört. Auf der anderen Seite berichtet wieder Dahl vom Bismarck-Archipel, dass hier der Vogel-

1) Dahl fügt in seinen mir gütigst gemachten Mittheilungen hinzu, dass er nur in einer bestimmten Jahreszeit, und auch da nur für kurze Zeit, Gelegenheit hatte, im Urwalde Brasiliens umherzustreifen.

1) E. u. L. Selenka, Sonnige Welten, Wiesbaden 1896.

2) G. Haberlandt, Eine botanische Tropenreise, Leipzig 1893.

gesang eine viel tiefere Stufe als z. B. in Singapore einnehme, wenn auch einzelne Bewohner des Urwalds (Mino Krefftü), der Lichtungen und Pflanzungen (Rhipidura tricolor) und des Graslands (Poecilodryas aethiops) einen einigermassen angenehmen Gesang vernehmen lassen. Jedenfalls ist es also zweifellos, dass in vielen tropischen Gegenden der Gesang der Singvögel nicht von solcher Beschaffenheit ist, dass er gegenüber den anderen Tönen des Waldes, z. B. dem Kreischen der Papageien und dem Gurren der Tauben, zur Vorherrschaft gelangen könnte, und es dürfte daher im Allgemeinen gerechtfertigt sein, die paläarktischen und nearktischen Singvögel hinsichtlich der Qualität ihres Gesanges den tropischen Formen voranzustellen.

Ausser den Sperlingsartigen besitzen namentlich noch verschiedene Vögel aus den Ordnungen der Kuckucke und Spechte und ebenso mehrere Wasservögel gesangähnliche Paarungsrufe. Es sei nur an den Frühlingsruf unseres einheimischen Kuckucks (Cuculus canorus), an das „Lachen" des Grün- und Grauspechts (Gecinus viridis und canus) und an die flötende, jodelnde oder trillernde Stimme mancher zu den Gattungen Charadrius, Totanus, Tringa und Limosa gehöriger Wasservögel erinnert. Die Fähigkeit, die Stimmen zu moduliren, kommt endlich noch in hervorragender Weise zahlreichen Papageien zu.

Indem wir zu den Singvögeln zurückkehren, soll im Folgenden zunächst das Wichtigste über den Bau ihres Stimmapparats vorausgeschickt werden, um im Anschluss daran die Frage behandeln zu können, welche anatomischen und physiologischen Verschiedenheiten der Mannigfaltigkeit der einzelnen Vogelgesänge und dem in der Stimme zum Ausdruck kommenden sexuellen Dimorphismus zu Grunde liegen. Im dritten Abschnitt folgt eine Theorie des Vogelgesangs, und zum Schluss sollen die Beziehungen des Gesangs zu den anderen Bewerbungskünsten erörtert werden.

I. Kapitel.

Bau des Stimmapparats.

Bei den Säugethieren stellt der Kehlkopf oder Larynx den Stimmapparat dar. Die eigentlich schwingenden, in ihrer Funktion den Zungen einer Pfeife vergleichbaren Gebilde sind die unteren oder echten Stimmbänder. Ganz entsprechende Verhältnisse liegen auch bei den stimmbegabten Reptilien, namentlich bei den Gecko's und beim Chamaeleon vor.

Auch bei den Vögeln ist ein (oberer) Kehlkopf oder Larynx vorhanden. Er entbehrt aber der Stimmbänder und dient einfach dazu, die Luftröhre in allerdings unvollkommener Weise abzuschliessen und gegen das Eindringen von Nahrungs- und Gewölltheilen zu schützen. Als Stimmorgan funktionirt dagegen ein besonderes Gebilde, der untere Kehlkopf oder Syrinx, welcher bei den meisten Vögeln an der Bifurkationsstelle der Luftröhre gelegen ist und so, als Syrinx broncho-trachealis, sowohl das Endstück der Luftröhre, als auch die Anfangsabschnitte der Bronchen in sich begreift. Dass die Stimme hier und nicht im oberen Kehlkopf gebildet wird, geht am besten aus der bekannten Erscheinung hervor, dass geköpfte Hühner und Enten, denen also der obere Kehlkopf fehlt, häufig noch eine ganze Weile zu schreien fortfahren.

Der Syrinx broncho-trachealis speziell der Singvögel (Fig. 2) ist von der nicht modifizirten Luftröhren-Bifurcation eines Reptils, beispielsweise einer Schildkröte (Fig. 1) durch folgende Bildungen unterschieden:

1) durch die Differenzirung eines aus festen (knöchernen), gegeneinander aber mehr oder weniger verschiebbaren Theilen zusammengesetzten Stützapparats oder Syrinx-Skelettes;

2) durch die Entfaltung eines an der Aussenfläche der Trachea und der Bronchen

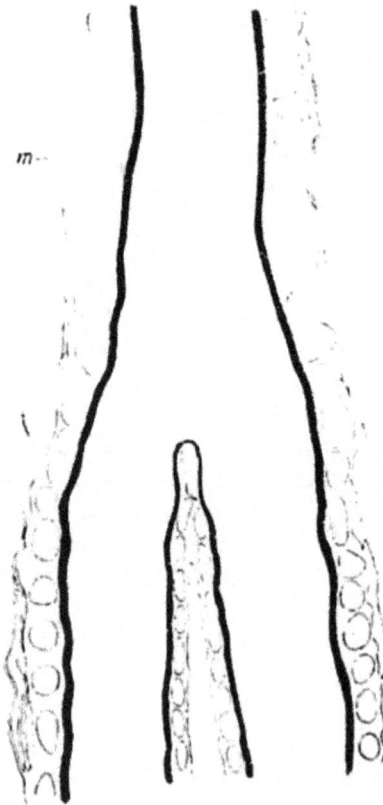

Fig. 1. Bifurkationsstelle der Trachea einer Schildkröte (Testudo graeca). *m* übereinander gelagerte elastische Membranen.

gelegenen, grossentheils zur Bewegung der Halbringe dienenden
Muskelapparats;

3) durch die Differenzirung des elastischen Gewebes der
Bronchenwandung zu einer Anzahl schwingender Mem-
branen und Stimmfalten, welche durch die Kontraktion der
Muskeln und die Bewegung der Halbringe in verschiedener
Spannung gehalten werden können.

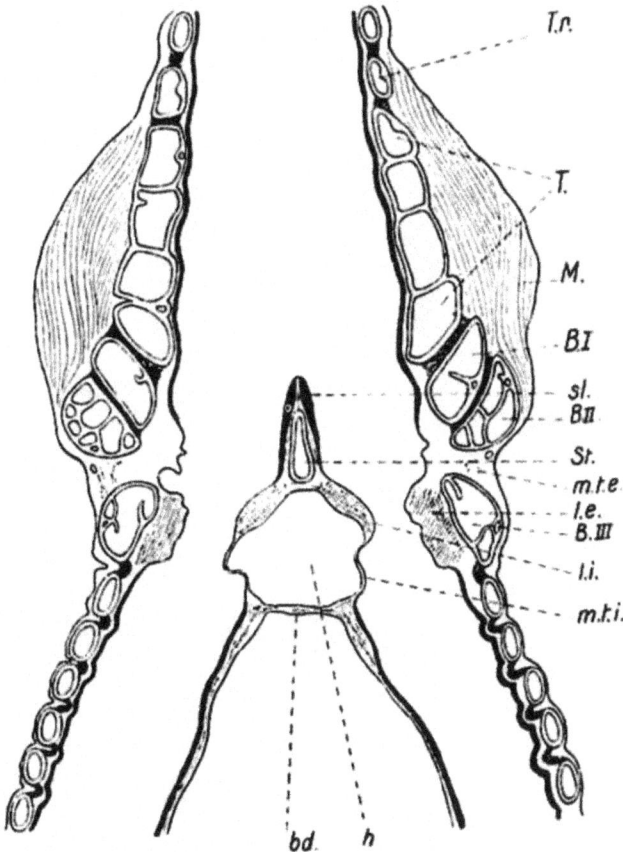

Fig. 2. Schnitt durch den Syrinx einer männlichen Amsel
(Turdus merula). *T. r.* Trachealring, *T.* Trommel, *M.* Muskulatur, *sl.* Membrana
semilunaris, *B. I., B. II., B. III.* erster bis dritter Bronchialhalbring, *St.* Steg,
m. t. e. Membrana tympaniformis externa, *l. e.* Labium externum, *l. i.* Labium
internum, *m. t. i.* Membrana tympaniformis interna, *h.* ventralwärts offener
Hohlraum (Abschnitt des vorderen thoracischen Luftsacks), *bd.* Bronchidesmus.

Das Syrinxskelett.

Betrachten wir zuerst den Stützapparat, das Syrinxskelett. Sämmtliche Theile desselben bestehen bei dem erwachsenen Singvogel aus Knochensubstanz, nur die später zu erwähnenden Stellknorpel (Cartilagines arytaenoideae) zeigen keine Spur von Ossifikation.

An der Bildung des Stützapparats betheiligen sich zunächst die 3 oder 4 untersten Luftröhrenringe, welche mit einander zu einem kurzen Hohlcylinder, der Trommel, verschmolzen sind (Fig. 2 u. 3 T). Dazu kommt noch eine weitere Bildung: in ähnlicher Weise wie beim Menschen der untere Rand des letzten Tracheenringes von seinem ventralen Mittelpunkt aus einen nach abwärts und rückwärts gerichteten Fortsatz zwischen die beiden Luftröhrenäste schickt, so ist beim Vogel die ganze untere Oeffnung der Trommel durch einen von vorn nach hinten verlaufenden, etwas nach abwärts gekrümmten Bügel, den Steg (Fig. 2 St), überbrückt.

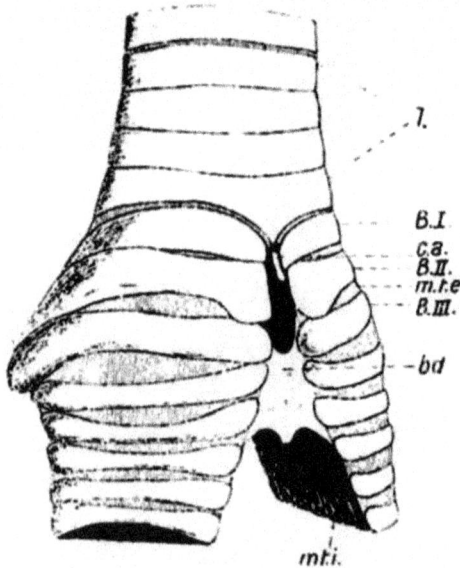

Fig. 3. Syrinxskelett der Elster (Pica caudata). c.a. Cartilago arytaenoidea, T. Trommel, B.I.—B.III. erster bis dritter Bronchialhalbring, m.t.e. und m.t.i. Membrana tympaniformis externa und interna, b.d. Bronchidesmus (das den Unterrand des Bronchidesmus mit der Ventralseite des Oesophagus verbindende Längsband ist grösstentheils abgeschnitten).

Auch die 3 obersten Halbringe der beiden Bronchen weisen ganz bestimmte Umbildungen auf. Allgemein stellen dieselben, ebenso wie die weiter unten gelegenen Halbringe, halbkreisförmige, den lateralen Wandungen der Bronchen eingelagerte Spangen dar (Fig. 2 u. 3 B.I.—B.III.), im Uebrigen zeigen sie jedoch, was die spezielle Art der Biegung und namentlich die Gestalt der hauptsächlich dem Muskelansatz dienenden Vorder- und Hinter-

enden anbelangt, besondere Differenzirungen, welche bei den verschiedenen Singvögel-Gruppen in ziemlich übereinstimmender
Weise wiederkehren. Im Speziellen stellt das hintere Ende des
2. Halbringes eine Gelenkfläche dar, unter welcher das verdickte
hintere Ende des 3. Halbringes hingleiten kann (Wunderlich)[1].

Die medialen Wandungen der Bronchen entbehren grösserer
Skelettstücke, vielmehr werden sie durch die inneren Paukenhäute oder Membranae tympaniformes internae (im weiteren
Sinne des Wortes) gebildet (Fig. 2 u. 3 *m. t. i.*), elastische
Häute, welche am Unterrande des Steges suspendirt sind und sich
zwischen den Vorder- und Hinterenden der Bronchen-Halbringe
ausspannen. In ihre obersten Abschnitte sind die kleinen, an die
Vorderenden der ersten Halbringe sich anschliessenden und mit
einander die Figur eines Daches bildenden Stellknorpel (Fig. 3
u. 4 *c.a.*) oder Cartilagines arytaenoideae[2]) eingelagert, während

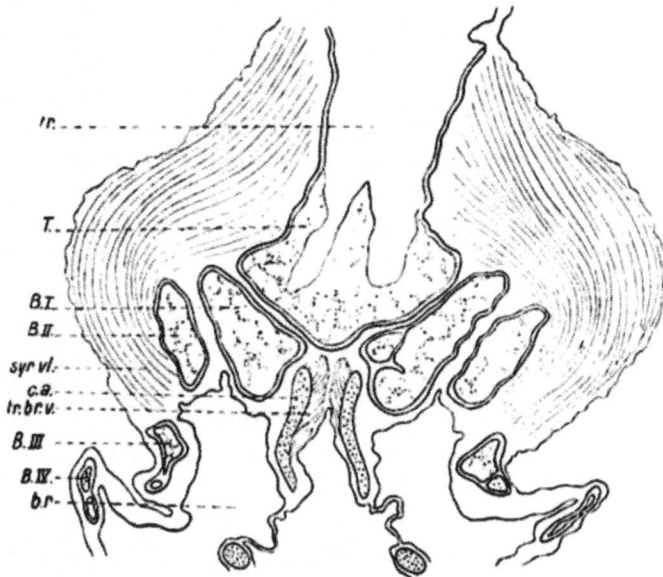

Fig. 4. Tangentialschnitt durch die vordere Wandung des
Syrinx des Gimpels (Pyrrhula rubricilla). *tr.* Lumen der Trachea,
T. Trommel, *B.I.—B.IV.* erster bis vierter Bronchialhalbring, *syr.vl.* Musc.
syringeus ventrilateralis, *c.a.* Stellknorpel, *tr.br.v.* Ansatz des Musc. tracheo-
bronchialis ventralis, *br.* Lumen des Bronchus.

1) L. Wunderlich, Beiträge zur vergleichenden Anatomie und Ent-
wicklungsgeschichte des unteren Kehlkopfes der Vögel. Nova Act. Leop.-
Car., Bd. 48, Halle 1884.
2) Die „cartilaginösen Tensoren" Wunderlich's.

eine Strecke unterhalb des Steges die beiden Häute durch eine horizontale Membran, den Bronchidesmus oder das Ligamentum interbronchiale, mit einander verbunden sind (Fig. 2 u. 3 *b.d.*).

Die Zwischenräume zwischen den freien Tracheenringen, der Trommel und den Bronchen-Halbringen werden durch elastische Bandmassen, Ligamenta annularia, eingenommen (Fig. 2) mit Ausnahme des Zwischenraums zwischen dem 2. und 3. Bronchen-Halbring, welcher, wie wir sehen werden, durch die sog. äussere Paukenhaut gebildet wird (Fig. 2 *m. t. e.*).

Ziehen wir nun noch einmal die Schildkröten-Trachea zum Vergleich mit dem Stützapparat des Singvogel-Syrinx heran, so können wir im Allgemeinen Folgendes feststellen:

Bei der Schildkröte (Fig. 1) stellt die Trachea, entsprechend dem Retraktionsvermögen von Kopf und Hals, in ihrer ganzen Ausdehnung ein gleichmässig biegsames Gebilde dar: knorplige Ringe sind in ein stark entwickeltes, elastisches Grundgewebe eingebettet, welches hauptsächlich auch die Aussenfläche der Trachea und Bronchen in beträchtlicher Dicke begleitet. Als spezielle, mit der Mechanik der Retraktion zweifellos im Zusammenhang stehende Differenzirung kommt, besonders bei der Gattung Testudo, noch hinzu, dass die elastische Grundmasse an der Aussenfläche der Trachea und Bronchen in eine Anzahl von Membranen und Bändern gespalten ist, welche, zum Theil in 2—3 Lagen über einander, je eine grössere oder kleinere Zahl von Tracheal- und Bronchialringen überspannen (Fig. 1 *m*).

Beim Singvogel (Fig. 2 u. 3) ist die Gliederung eine vollkommenere und gleichzeitig die Beweglichkeit der einzelnen Abschnitte, entsprechend den besonderen Funktionen, eine verschiedene geworden: ersteres beruht auf der festeren Beschaffenheit der knöchernen Ringe und Halbringe und der Beschränkung der elastischen Bandmasse auf die Ligamenta annularia; letzteres auf der verschiedenen Ausbildung der Knochenspangen, ihrer theilweisen Ausstattung mit Gelenkflächen und vor allem auf der Entfaltung des im Folgenden zu besprechenden Muskelapparats.

Bei den vielfachen Anklängen, welche die Anatomie der Schildkröten und die der Vögel zeigt, lag es nahe, zu untersuchen, ob nicht doch vielleicht bei einzelnen Schildkröten die ersten Spuren der zum Aufbau des Syrinx führenden Differenzirungen wahrzunehmen sind. Meine an verschiedenen Arten der Gattungen Emys, Testudo, Chelone und Trionyx angestellten Untersuchungen blieben indess in dieser Hinsicht resultatlos. Glücklicher war

Siebenrock[1]), der bei einer Schildkröte, Cinixys homeana, am unteren Ende der Luftröhre vor ihrer Spaltung in die 2 Luftröhrenäste eine mässige, an die Trommel mancher Vögel[2]) erinnernde Erweiterung vorfand und bei einer anderen, Testudo pardalis, eine ausserordentliche Verlängerung der Luftröhre und ihrer Aeste beobachtete, eine Umbildung, welche an ähnliche Windungen der Luftröhre mancher Vögel (Lamellirostres, Pelargi, Grues u. a.) erinnert und, wie bei diesen, vielleicht mit der Tonerzeugung zusammenhängt.

Im Zusammenhang damit sei erwähnt, dass Siebenrock am eigentlichen Kehlkopf (Larynx) der Schildkröten allgemein das Fehlen der Stimmbänder und eine Reduktion der Muskulatur beobachtete, ein Verhalten, welches die Schildkröten gleichfalls den Vögeln nahe bringt.

Die Singmuskulatur.

Wir wenden uns zu der Muskulatur des Singvogel-Syrinx oder, wie wir kurz zu sagen pflegen, der Singmuskulatur. Seit den grundlegenden Untersuchungen Johannes Müller's[3]) wissen wir, dass die Ordnung der Passeres hinsichtlich der Zusammensetzung des Singmuskelapparats eine Reihe darstellt, innerhalb welcher gewisse Schreivögel (Passeres Clamatores) mit einfachen Muskeln das eine, die Masse der echten Singvögel (Passeres Oscines) das andere Ende bilden. Es ist namentlich das Verdienst Fürbringer's[4]), diese Verhältnisse von modernen Gesichtspunkten aus beleuchtet und klargelegt zu haben, und wir sind nunmehr im Stande, uns ein ziemlich vollständiges Bild von der vermuthlichen Phylogenie der oscinen Singmuskulatur zu machen.

Bei einigen zur Unterordnung der Schreivögel gehörigen Formen finden wir einfache Verhältnisse, die zum Theil nur wenig von den bei anderen Vogelordnungen (Kuckucken, Spechten,

1) F. Siebenrock. Ueber den Kehlkopf und die Luftröhre der Schildkröten. Sitz.-Ber. K. Ak. Wiss. Wien, math.-nat. Kl., Bd. 108, Abth. I, 1899, Taf. I, Fig. 1, Taf. III, Fig. 34.

2) Vergl. die auf den Kehlkopf des Kasuars (Casuarius galeatus) und des Storchs (Ciconia alba) bezüglichen Abbildungen bei Wunderlich (l. c. Taf. I, Fig. 3, Taf. II, Fig. 29).

3) Joh. Müller, Ueber die bisher unbekannten typischen Verschiedenheiten der Stimmorgane der Passerinen. Abh. Akad. Berlin, 1895.

4) M. Fürbringer, Untersuchungen zur Morphologie und Systematik der Vögel, Amsterdam 1888.

Wasservögeln u. a.) vorkommenden abweichen. Bei dem zur amerikanischen Familie der Tyranniden gehörigen Myiobius erythrurus, einem nach Grösse, Gestalt und Schnabelform unseren Fliegenschnäppern (Muscicapa) ähnelnden Vogel, läuft, wie die nach Joh. Müller kopirte Figur 5 zeigt, beiderseits an der Seite der Luftröhre ein einfacher Muskel herab, der am dritten Bron-

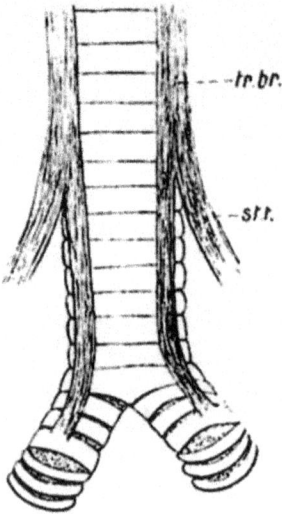

Fig. 5.

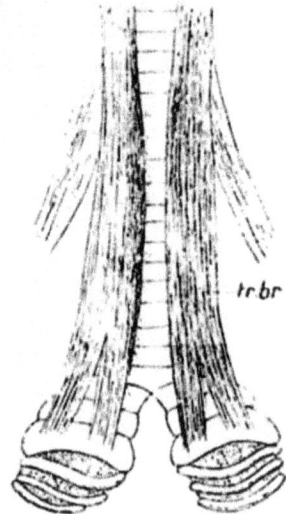

Fig. 6.

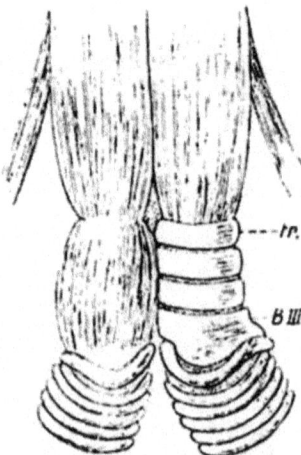

Fig. 7.

Fig. 5. Syrinx von Myiobius erythrurus (nach Johannes Müller). *tr.br.* Musc. tracheo-bronchialis, *st.t.* Musc. sterno-trachealis.

Fig. 6. Syrinx von Pipra leucocilla (nach Johannes Müller). *tr.br.* Musc. tracheo-bronchialis.

Fig. 7. Syrinx von Pipra auricapilla (nach Johannes Müller). *tr.* letzter Trachealring, vorn getheilt, *B.III.* dritter Bronchialhalbring.

chialhalbring inserirt und daher als Musculus tracheo-bronchialis (*tr. br.*) zu bezeichnen ist. Da der Muskel eine durchaus laterale Lage hat und demgemäss an der Mitte des Bronchialhalbrings angreift, so sprechen wir in diesem Fall, zufolge einer von Garrod vorgeschlagenen Terminologie, von einem mesomyoden Syrinx. Ausser dem genannten Muskel ist ein Paar von Musculi sterno-tracheales vorhanden, welche das Brustbein mit der Luftröhre verbinden (Fig. 5 *st. t.*)

Es findet nun, wie dies hauptsächlich Fürbringer klargelegt hat, schon innerhalb der Abtheilung der Schreivögel, noch mehr aber bei den echten Singvögeln (Passeres Oscines) eine weitgehende Differenzirung in der Weise statt, dass der Musculus tracheo-bronchialis gewissermassen nach allen drei Richtungen des Raums eine Spaltung und Sonderung erfährt. Er kann sich in erster Linie in ein oder mehrere Paare von ventralen und dorsalen Portionen spalten, wobei dann die Insertionen von der Mitte nach den beiden Enden der Bronchialhalbringe auseinanderrücken, der Syrinx also aus dem mesomyoden in den akromyoden Zustand übergeht (Fig. 6); ferner kann eine Zerlegung des Muskels in hinter einander gelegene Abschnitte erfolgen, die dann als proximale M. tracheales und als distale M. syringei unterschieden werden (Fig. 7); schliesslich kann es auch zu einer Spaltung in oberflächliche und tiefere Lagen kommen, wobei die letzteren, die M. syringei, in ihrer ganzen Länge von den oberflächlichen, den M. tracheo-bronchiales überragt und bedeckt zu werden pflegen.

Der erstgenannte Spaltungsmodus kann in seinen Anfängen sehr deutlich bei Pipra leucocilla (Fig. 6), der zweite bei Pipra auricapilla (Fig. 7) verfolgt werden, die dritte der genannten Differenzirungen, die Sonderung von oberflächlichen und tieferen Lagen, hat sich Hand in Hand mit der Spaltung in ventrale und dorsale Portionen in ausgedehnter Weise bei den echten Singvögeln (Passeres Oscines) vollzogen (Fig. 8 u. 9).

Die „oscine Syrinx-Muskulatur" in derjenigen Ausbildung, welche wir beispielsweise bei den wegen ihrer Grösse viel untersuchten Rabenvögeln (Corvidae) vorfinden und als typisch zu betrachten gewohnt sind, besteht demnach aus einem Paar von M. sterno-tracheales und 7 Paaren durch Spaltung eines ursprünglichen M. tracheo-bronchialis entstandener Muskeln: es sind auf jeder Seite des Syrinx 4 oberflächliche M. tracheo-bronchiales vorhanden, von denen 2 an den ventralen Enden des zweiten und dritten Bronchialhalbrings, die beiden anderen im dorsalen

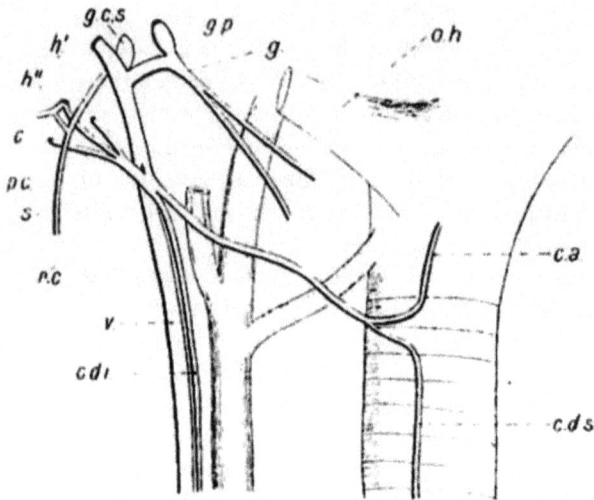

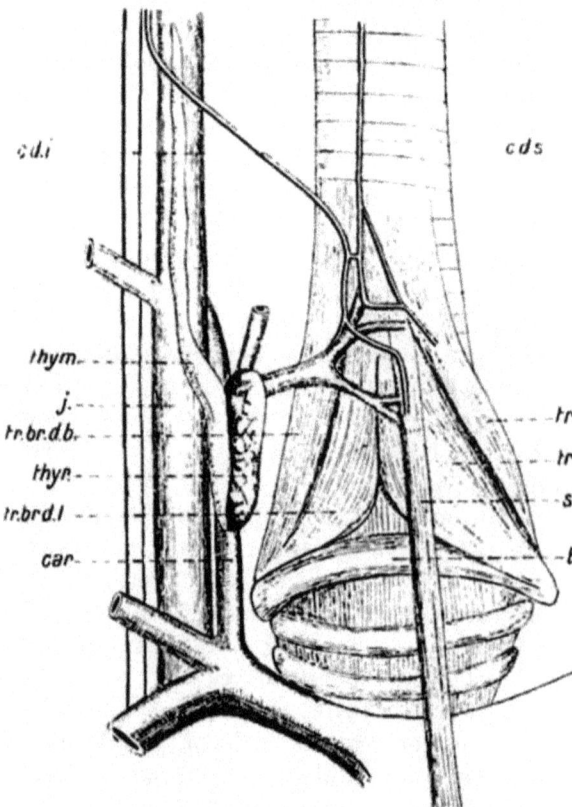

Fig. 8. Syrinx der Rabenkrähe (Corvus corone): Darstellung der Innervirung und Gefässversorgung, sowie der Tracheobronchialmuskeln. *o. h.* Zungenbein (abgeschnitten), *j.* Vena jugularis, *car.* Carotis, *thym.* Thymus, *thyr.* Schilddrüse, *B. III.* dritter Bronchialhalbring. Muskulatur: *tr. br. v.* Musc. tracheo-bronchialis ventralis (Insertion: ventrales Ende von *B. II.* und Stellknorpel), *tr. br. o.* M. tr.-br. obliquus (ventrales Ende von *B. III.*), *tr. br. d. l.* M. tr.-br. dorsalis longus (dorsales Ende von *B. II.*), *tr. br. d. b.* M. tr.-br. dorsalis brevis (Insertion: innere Paukenhaut), *st. tr.* Musc. sterno-trachealis. Innervirung: *g. p.* Ganglion petrosum (auf der Figur zu weit von *g. c. s.* abgerückt), *g.* N. glossopharyngeus, *g. c. s.* Ganglion cervicale supremum, *h'* erste Hypoglossuswurzel, *h''* zweite Hypoglossuswurzel, *c.* erster Cervicalnerv, *p. c.* Plexus cervicalis, *s.* Halssympathicus, *r. c.* R. cervicalis, *v.* N. vagus, *c. d. i.* R. cervic. descendens inferior, *c. d. s.* R. cervic. descendens superior, *c. a.* R. cervic. ascendens.

Bereich des Syrinx inseriren (Fig. 8) [1], und 3 tiefe M. syringei, welche beziehungsweise am ventralen und dorsalen Ende des zweiten Bronchialhalbrings und an der äusseren Paukenhaut inseriren (Fig. 9) [2].

Innervirung und Gefässversorgung des Syrinx [3].

Wir haben im Obigen die Singmuskulatur der Oscines von den einfacheren Verhältnissen bei den Schreivögeln und anderen

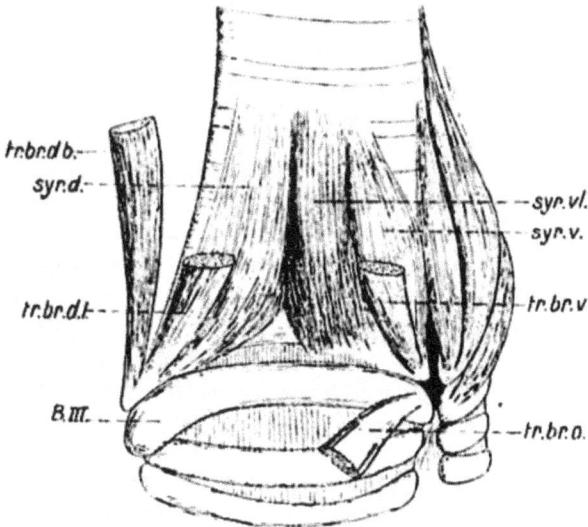

Fig. 9. Syrinx der Rabenkrähe (Corvus corone) mit abgetragenen Tracheo-bronchialmuskeln: Darstellung der tiefen Muskellage (Syringeal-muskeln). *tr.br.v.* Musc. tracheo-bronchialis ventralis, *tr.br.o.* M. tr.-br. obliquus, *tr.br.d.l.* M. tr.-br. dorsalis longus, *tr.br.d.b.* M. tr.-br. dorsalis brevis, *syr.v.* M. syringeus ventralis (Insertion: ventrales Ende von *B.II.*), *syr.vl.* M. syringeus ventrilateralis (*B.II.* und äussere Paukenhaut), *syr.d.* M. syringeus dorsalis (dorsales Ende von *B.II.*).

1) Diese 4 Muskeln inseriren resp. am ventralen Ende des *B.II.* und am Stellknorpel (M. tr.-br. ventralis; bezüglich der Insertion am Stellknorpel vergl. Fig. 4), am ventralen Ende des *B.III.* (obliquus), am dorsalen Ende von *B.II.* (dorsalis longus) und an der inneren Pauken-haut (dorsalis brevis).

2) Diese 3 Muskeln inseriren resp. am ventralen Ende von *B.II.* (M. syringeus ventralis), an der Seitenfläche von *B.II.* und an der äusseren Paukenhaut (ventrilateralis; letzteres namentlich bei Finken, Fig. 11 a u. b), und am dorsalen Ende von *B.II.* (dorsalis).

3) V. Haecker, Ueber den unteren Kehlkopf der Singvögel. Anat. Anz., Bd. 16, 1898.

Vogelabtheilungen genetisch abgeleitet, und es liegt nun nahe, die allgemeinere Frage zu stellen, welchem Muskelsystem überhaupt alle diese, nur in der Klasse der Vögel sich vorfindenden Muskeln zugehören. Eine Antwort finden wir, wenn wir die Innervirung der Singmuskulatur ins Auge fassen.

Auch hier sind es wiederum die Corviden (Pica, Corvus), welche für die Untersuchung die günstigsten Verhältnisse bieten. Die ersten vor 50 Jahren gemachten Beobachtungen stammen von Bonsdorff[1]) her und beziehen sich auf die Nebelkrähe, Corvus cornix. Diese seither immer wieder citirten Angaben sind indess nur insoweit richtig, als ein aus Vagus- und Hypoglossusfasern sich zusammensetzender und an der Seite der Luftröhre verlaufender Ast als zur Syrinxmuskulatur gehörig erkannt worden ist. Die ganze übrige Darstellung in Wort und Bild dürfte jedoch unrichtig sein, wenigstens habe ich bei der westlichen Schwesterform der Nebelkrähe, bei der Rabenkrähe, Corvus corone, und bei der Elster, Pica caudata, folgende bis in die kleinsten Einzelheiten übereinstimmenden Verhältnisse gefunden (Fig. 8).

Ein aus den zwei Hypoglossuswurzeln (h.'.h.'') und einer Wurzel des ersten Cervicalnerven (c.) sich zusammensetzender und mit dem Halssympathicus (s.) anastomosirender Plexus cervicalis (p.c.) giebt einen „Ramus cervicalis" (r.c.) ab, der sich beim Passiren des Vagus (v.) in zwei Aeste spaltet: einen den Vagus und die Jugularis begleitenden Ramus cervicalis descendens inferior (c.d.i.) und einen an die seitliche Kante der Luftröhre tretenden R. cervicalis descendens superior (c.d.s.). Beide Aeste bilden eine Schlinge, ähnlich der Ansa hypoglossi der menschlichen Anatomie. Ebenso wie nun beim Menschen aus der unteren Konvexität der Ansa die Nerven für den Sternohyoideus entspringen[2]), so gehen bei den Corviden vom hinteren Winkel der Schlinge die Syrinxnerven ab. Daraus ist zu entnehmen, dass, wie schon Gadow[3]) vermuthet hat, die syringealen Muskeln dem System des M. sternohyoideus und also dem auf den Hals fortgesetzten RectusSystem zugehören, und dass sie also nichts zu thun haben mit

---

1) E. J. Bonsdorff, Descriptio anatomica nervorum cerebralium Corvi (Cornicis Linn.). Acta Soc. Sci. Fenn., Helsingfors 1850.

2) Vergl. z. B. die Abbildung in A. Rauber's Lehrbuch der Anatomie des Menschen (5. Aufl., Leipzig 1897–1898, Band 2, S. 502, Fig. 445).

3) H. Gadow, On the Arrangement and Disposition of the Muscles of the avian Syrinx, Proc. Zool. Soc. Lond., 1883, S. 74, vergl. auch Fürbringer, l. c. S. 1087 und Häcker, l. c., S. 526.

den aus der pharyngealen Muskulatur hervorgewachsenen, also
visceralen Stimm-Muskeln der übrigen Wirbelthiere.

Was die Gefässversorgung (Fig. 8) der Muskulatur anbelangt,
so sei nur kurz erwähnt, dass eine Arteria syringea, welche hinter
der Schilddrüse von der von der Carotis abzweigenden Arteria
oesophagea abgeht, und eine Vena syringea, die sich mit einer
vom Oesophagus und einer aus der Schilddrüse kommenden Vene
vereinigt und ihr Blut in die Jugularis ergiesst, den zugehörigen
Gefässstrang zusammensetzen.

Schwingende Membranen und Stimmlippen.

Wir wenden uns nun zu der dritten der eingangs (S. 4) erwähnten Differenzirungen, nämlich zu den eigentlich stimm-
erzeugenden Membranen und Falten, bei deren Bildung hauptsächlich das elastische Gewebe der Trachea- und Bronchenwandungen,
in zweiter Linie auch die Schleimhaut betheiligt ist.

Sowohl die freien Tracheenringe und die Trommel als auch
die Bronchen-Halbringe hängen unter einander durch elastische
Bänder zusammen (Fig. 2). Nur der Zwischenraum zwischen dem
zweiten und dritten Bronchialhalbring enthält keine festere Bandmasse, sondern ist von lockerem, gefässführendem Bindegewebe
ausgefüllt: diese Partie stellt jederseits die äussere Paukenhaut, Membrana tympaniformis externa, dar (Fig. 2 u. 3 *m.t.e.*;
vergl. auch Fig. 11).

An der Innenfläche der dritten Halbringe befindet sich weiter-
hin je ein Polster elastischen Gewebes: es sind dies die äusseren
Stimmlippen, Labia externa (Fig. 2 *l.e.*), während ihnen gegenüber, im obersten Abschnitt der medialen Bronchenwandungen,
wesentlich kleinere Gebilde von ähnlicher Beschaffenheit sich vorfinden, die inneren Stimmlippen, Labia interna (*l.i.*).

Ein viertes Paar von hierher gehörigen Bildungen stellen die
inneren Paukenhäute im engeren Sinne, Membranae tympaniformes internae (z. B. im Sinne von Stannius) dar (Fig. 2
m.t.i.). Es sind dies diejenigen Partien der medialen Bronchenwandungen (der inneren Paukenhäute im weiteren Sinne), welche
zwischen den inneren Stimmlippen und dem Bronchidesmus gelegen sind. Dieselben bestehen hier fast nur aus zwei Häuten,
der Schleimhaut und der Adventitia, und entsprechen daher in
morphologischer Hinsicht thatsächlich den zwischen den zweiten
und dritten Halbringen ausgespannten äusseren Paukenhäuten.

Endlich sehen wir, dass das elastische Gewebe, welches die Seitenflächen des Stegs bedeckt, sich oberhalb der Firste desselben zu einer senkrechten, gefässreichen, nach oben konkav ausgeschnittenen Wand zusammenschliesst: es ist dies die Halbmondfalte, Membrana semilunaris (Fig. 2 sl.), ein Gebilde, welches bei vielen Formen, so auch bei der Amsel, eine bedeutende Entwicklung zeigt und dann gleichfalls zu den schwingenden Theilen gerechnet zu werden pflegt.

Entsprechend den hier aufgeführten Differenzirungen des elastischen Gewebes zeigt auch die Schleimhaut-Auskleidung des Syrinx eine wechselnde Beschaffenheit. In ähnlicher Weise, wie beim menschlichen Kehlkopf das geschichtete Flimmerepithel speziell an den wahren Stimmbändern in geschichtetes Plattenepithel übergeht, so geht auch das mehrschichtige, von Schleimzellen durchsetzte Cylinderepithel der Singvogel-Trachea an den Paukenhäuten und Stimmlippen in ein plattes, einschichtiges Epithel über (Fig. 2).

Im Gegensatz dazu zeigen die Seitenflächen des Stegs und der Halbmondfalte eine ganz besonders mächtige Dicke der Schleimhaut, und es darf daher wohl auch aus diesem Grunde bezweifelt werden, ob die Halbmondfalte in physiologischem Sinne den Paukenhäuten und Stimmlippen an die Seite gestellt werden kann, so wie dies von Seiten älterer Autoren [Savart [1]), Wunderlich u. a.) geschehen ist.

Vorgang der Stimmerzeugung.

Im Anschluss an die anatomische Besprechung des Singvogel-Syrinx sei zunächst das Wichtigste über den Vorgang der Stimmerzeugung hinzugefügt.

In dieser Hinsicht unterscheidet sich der Syrinx naturgemäss in verschiedenen Punkten von dem Kehlkopf der Säuger und speziell des Menschen. Der menschliche Kehlkopf wirkt bekanntlich als ein Zungeninstrument, d. h. als ein Instrument, bei dem eine elastische Platte, die sogen. Zunge, durch ihre Schwingungen einen kontinuirlichen Luftstrom periodisch unterbricht. Beim menschlichen Kehlkopf werden die Zungen durch die Stimmfalten dargestellt, die Luftröhre wirkt als Windrohr, die Lunge als Wind-

---

1) F. Savart, Note sur la voix des oiseaux. Uebers. in Froriep's Notizen, Bd. 16, 1826.

kasten, während die Mundhöhle mit einem Ansatzrohr verglichen werden kann. Während nun aber bei den musikalischen Instrumenten dieser Art, bei den Zungenpfeifen, die Höhe des Tons wesentlich durch das Ansatzrohr bestimmt wird, ist dies beim menschlichen Kehlkopf nicht möglich, da hier das Ansatzrohr, die Mundhöhle, zu unregelmässig gestaltete und zu nachgiebige Wandungen besitzt, als dass die im Ansatzrohr enthaltene Luft die Frequenz der Schwingungen der Stimmbänder beeinflussen könnte [1]. Die Höhe des Tons wird vielmehr allein durch die wechselnde Spannung der membranösen Zungen verändert.

Der Syrinx der Singvögel unterscheidet sich nun seinerseits vom menschlichen Stimmorgan einmal dadurch, das gewissermaassen zwei Kehlköpfe vorhanden sind, und ferner, dass über denselben in Gestalt der Trachea ein eigentliches Ansatzrohr sich befindet, welches vermöge der festen, glatten und dabei elastischen Beschaffenheit seiner Wandung, wie das Ansatzrohr der musikalischen Instrumente, tonerhöhend oder -vertiefend wirken kann.

Was den erstgenannten Unterschied, die Verdopplung des Organs, anbelangt, so scheint diese, so viel wir heute wissen, von untergeordneter Bedeutung bezüglich der Erzeugung des Tons zu sein. Die ganze, im Allgemeinen symmetrische Bauart des Apparats, der Zusammenhang beider Theile durch die inneren Paukenhäute und die Innervirung scheinen zu bewirken, dass in der Mehrzahl der Fälle die beiden Kehlköpfe in gleicher Weise eingestellt werden und so gleich starke und gleich hohe Töne liefern, wobei dann durch die Verdopplung des Organs vielleicht nur eine Verstärkung des Tons zu Stande kommt.

Immerhin kann man bei einigen unserer Hausvögel, bei den Gänsen und Enten, beobachten, dass das laute, widerliche Geschrei derselben sich bei genauem Zuhören als aus zwei nahe gelegenen, dissonanten Tönen zusammengesetzt erweist [2].

Was speziell die Funktion der S y r i n x - M u s k e l n anbelangt, so ist dieselbe offenbar die, bei ihrer Kontraktion die gegenseitige

1) Vergl. H. Helmholtz. Die Lehre von der Tonempfindung, 4. Ausg., Braunschweig 1877, S. 164.

2) Vergl. P. Grützner, Physiologie der Stimme und Sprache, in: Hermann's Handbuch d. Physiologie, Bd. 1, Theil II, Leipzig 1879, S. 144. In dieser Schrift findet sich eine auf den Syrinx der Truthenne bezügliche Darstellung des Mechanismus der Stimmerzeugung und eine kurze Zusammenfassung der physiologischen Theorien von Cuvier, Savart und Joh. Müller.

Stellung der Bronchialhalbringe zu verändern, auf diese Weise die
Membranen und elastischen Polster in verschiedener Weise zu
spannen und die Spalten zwischen den letzteren, die Stimmritzen,
zu vergrössern oder zu verkleinern, so dass der aus den Lungen
ausgestossene Luftstrom die in Schwingungen zu setzenden Membranen und Polster in verschiedener Spannung trifft [1].

II. Kapitel.
Spezifische Unterschiede und sexueller Dimorphismus.

Spezifische Unterschiede.

Wir können uns nun der zweiten Frage zuwenden: auf
welchen anatomischen und physiologischen Verschiedenheiten
beruht die Mannigfaltigkeit der verschiedenen Vogelstimmen,
insbesondere der Gesänge der Singvögel?

Es sind in dieser Richtung bereits verschiedene Untersuchungen
angestellt und verschiedene Antworten gegeben worden.

In erster Linie spielt zweifellos die Differenzirung der Syrinx-
Muskulatur, insbesondere des M. tracheo-bronchialis, eine grosse
Rolle. Nach dem Grade dieser Differenzirung können wir die
Vögel überhaupt in einer Reihe anordnen, welche mit solchen
Formen beginnt, welche überhaupt keine Muskeln am unteren
Kehlkopf besitzen (afrikanischer Strauss, Enten, Hühner, Tauben
u. a.), dann zu solchen fortschreitet, bei welchen 1 Paar von
tracheo-bronchialen Muskeln vorhanden ist (Möwen, Reiher, Limi-
colen, Raubvögel, Kuckucke, Spechte), ferner zu solchen mit 2
(Papageien, manche Schreivögel) und 3—7 Muskelpaaren (Schreivögel, echte Singvögel). Schon ein kurzer Ueberblick über diese
Reihe ergiebt ohne weiteres, dass innerhalb derselben die Fähigkeit, die Stimme zu moduliren, im Allgemeinen eine zuneh-
mende ist. Es ist auch ohne weiteres klar, wesshalb ein der-
artiger Zusammenhang zwischen der Komplikation des Muskel-
Apparats und der Singfähigkeit besteht: derselbe ergiebt sich
unmittelbar aus der oben erwähnten Funktion der Muskeln, aus

---

1) In Bezug auf die Funktionen der einzelnen Muskeln und ihre physiologischen Bezeichnungen vergl. die Arbeiten von Savart und Wunderlich.

ihrer Aufgabe, die Spannung der Stimmbänder und das Lumen der Stimmritze in verschiedener Weise zu verändern.

Wenn wir nun aber innerhalb der Gruppe der echten Singvögel ins Einzelne gehen, so stellt sich allerdings kein enger und ohne weiteres auffälliger Parallelismus zwischen der Ausbildung des Muskelapparats und der Modulirbarkeit der Stimme heraus. Beispielsweise zeigen die durch einen ausserordentlich melodiösen Gesang ausgezeichneten Drosselartigen (Turdidae), soweit meine eigenen Untersuchungen reichen[1]), eine weniger weitgehende Differenzirung der Singmuskulatur als die Rabenartigen (Corvidae), deren Stimme, obwohl sie durch Dressur eine grosse Modulirbarkeit erlangen kann, dennoch in Bezug auf Wohllaut und Tonreichthum jederzeit weit hinter dem Gesang der Drosseln zurücksteht. Im Speziellen zeigt z. B. der an der äusseren Paukenhaut angreifende Musc. syringeus ventrilateralis bei den echten Drosseln (Turdus) eine viel geringere Entwicklung als bei den Raben oder gar bei den Finken (vergl. Fig. 2, 9 und 4).

Jedenfalls können wir innerhalb der Unterordnung der echten Singvögel nicht wohl davon reden, dass die Differenzirung des Singmuskelapparats sichtlich proportional ist der Fähigkeit, die Stimme nach Tonhöhe und Klangfarbe zu moduliren.

Ein zweiter Faktor, welcher auf die Güte und die Mannigfaltigkeit des Gesangs von Einfluss sein soll, ist nach der Ansicht eines älteren Forschers, Savart's[2]), der Grad der Ausbildung der Halbmondfalte. Savart, welcher eben diese Membran zuerst gefunden und benannt hat, theilt die Singvögel ein in gute Sänger mit sehr mannigfaltigem Gesang oder sehr komplizirtem Gezwitscher und in schlechte Sänger mit sehr beschränktem Gesang. Erstere sollen allgemein eine sehr ausgebreitete Halbmondfalte besitzen, bei letzteren soll dieselbe viel weniger entwickelt sein oder ganz fehlen. Nun kann man aber, wie ich glaube, bezüglich der von Savart gegebenen Eintheilung der Singvögel in die beiden genannten Kategorien sehr verschiedener Ansicht sein: ich möchte beispielsweise den Grünling (Ligurinus chloris) und den Weidenzeisig (Phyllopneuste rufa) nicht, wie Savart es thut, zu den Vögeln mit mannigfaltigem Gesang oder komplizirtem Gezwitscher rechnen, und andererseits dürfte die Kohlmeise (Parus major) entschieden nicht zu den Formen mit sehr beschränktem

---

1) Vergl. auch F. Savart, l. c. S. 8 unten.
2) l. c. S. 2 und 24.

Gesang gehören. Es möchte danach fraglich erscheinen, ob wirklich ganz allgemein die Qualität des Gesangs dem Ausbildungsgrad der Halbmondfalte parallel läuft. Abgesehen davon scheint aber auch, wie bereits oben angedeutet wurde, die histologische Struktur der Halbmondfalte dagegen zu sprechen, dass sie zu den eigentlich schwingenden Theilen gehört.

Eine wichtigere Bedeutung dürfte vielleicht dem Ausbildungsgrad der eigentlichen Stimmbänder zuzuschreiben sein. Bei der Amsel liess sich z. B. feststellen, dass beim Männchen das elastische Gewebe der grossen, äusseren Stimmlippen in bestimmter und regelmässiger Weise angeordnet ist, indem die elastischen Fasern des rechten äusseren Labiums ganz überwiegend dem längsgerichteten, die des linken dem quergerichteten System zugehören (S. 23, Fig. 10a). Dagegen weisen bei dem weniger stimmbegabten Weibchen die ohnedies kleineren Stimmlippen eine derartige Anordnung der elastischen Fasern nicht auf (Fig. 10b).

Man könnte daraus entnehmen, dass die Modulirbarkeit der Töne bis zu einem gewissen Grade auch von der Anordnung der elastischen Fasern abhängig sei. Da indess junge Amselmännchen eine derartige Regelmässigkeit im Bau des elastischen Gewebes nicht zeigen, so kann immerhin der Annahme einer Abhängigkeit des Modulirvermögens von der Struktur des elastischen Gewebes die andere Ansicht gegenübergestellt werden, dass jene Regelmässigkeiten nicht ein ursächliches Moment darstellen, sondern dass sie umgekehrt die Folge einseitig gerichteter Zugwirkungen und demnach in die Kategorie der funktionellen Strukturen zu rechnen seien, ebenso wie nach Reinke [1] die Fasern im menschlichen Ligamentum vocale entsprechend der konstanten Richtung des Zuges und senkrecht zur konstanten Richtung des Druckes besonders stark ausgebildet sind. Dabei würde allerdings noch die Frage zu lösen übrig bleiben, warum bei der Amsel die Fasernordnung in den beiden Bronchen gerade die oben beschriebene Asymmetrie zeigt.

Wir kommen zu dem vierten Faktor, den ich hinsichtlich des spezifischen Ausbildungsgrades des Gesanges als den wichtigsten betrachten möchte, nämlich zu den psychischen Eigenschaften.

Wir haben hier zu unterscheiden zwischen den ererbten Instinkten — worunter wir mit Herbert Spencer, H. E. Ziegler und Groos ererbte komplizirte Reflexthätig-

---

1) F. Reinke, Ueber die funktionelle Struktur der menschlichen Stimmlippe. Anat. Hefte, I. Abth., Bd. 9, 1897.

keiten zu verstehen hätten — und den vom einzelnen Individuum hauptsächlich durch Nachahmung erworbenen und also auf einer Art von Verstandesthätigkeit beruhenden Associationen [1].

Der besondere Charakter der Stimme, ob z. B. dieselbe durch flötende, pfeifende oder zwitschernde Töne gebildet wird, ferner die Fähigkeit, dieselbe verschiedentlich zu moduliren, und ein charakteristischer Takt in derselben, all dies ist dem jungen Vogel angeboren und hängt zum Theil auch mit der spezifischen Beschaffenheit des Stimmapparats, zum Theil mit den besonderen ererbten Fähigkeiten des Gehirns zusammen. Dies Verhältniss wird dadurch am besten illustrirt, dass, wie dies jedem Beobachter der Vogelwelt bekannt ist, bei den Arten derselben Gattung und Familie häufig gewisse Töne und Tonverbindungen in charakteristischer Weise wiederkehren, so z. B. die eigenthümlichen kreischenden oder krähenden Schreie bei vielen Finkenarten. Hierher darf wohl auch die Thatsache gerechnet werden, dass einzelne Amseln (Turdus merula) — vermuthlich sind es die im 1. Lebensjahre stehenden Männchen — im Frühjahr zunächst nicht den spezifischen, einer eigentlichen Gliederung entbehrenden, gewissermassen mehr phantasirenden Amsel-Gesang, sondern eine **deutlich gegliederte, dem Schlage anderer Drossel-Vögel entsprechende Melodie** hören lassen.

Der angeborene, instinktmässige Gesang wird nun aber vom einzelnen Vogel durch Lernen vervollständigt. Es ist bekannt, dass in Bezug auf die eigentliche Ausgestaltung der Melodien, namentlich auch hinsichtlich der Klangfülle und Mannigfaltigkeit derselben die jungen Vögel einer bestimmten Art ganz von ihrem Vorbild abhängig sind, mag dasselbe nun der väterliche Vogel selbst oder ein fremder sein. Daher kommt die bekannte Erscheinung, dass man häufig in Gegenden kommt, wo eine gewisse Vogelart, vor allem der Buchfink (Fringilla coelebs), einen weit schlechteren Gesang besitzt als an anderen, oft nicht weit entfernten Plätzen. Dasselbe gilt für die Nachtigallen. In solchen Gegenden, wo dieselben Schutz gegen Katzen und andere Verfolger geniessen, giebt es naturgemäss sehr alte Vögel, welche von Jahr zu Jahr ihre Melodien vollständiger, reiner und stärker singen, und so für die jungen Vögel immer bessere Lehrmeister darstellen. Unter solchen

---

1) Zwischen „kleronomischen" und „embiontischen" Bahnen nach einer neuerdings von H. E. Ziegler (Theoretisches zur Thierpsychologie und vergleichenden Neurophysiologie, Biol. Cbl., Bd. 20, 1900) vorgeschlagenen Terminologie.

Umständen wird der Nachtigallengesang in einer derartigen Gegend seine Reinheit bewahren und sogar eine allmähliche Veredlung erfahren können, während in solchen Gegenden, wo die Vögel kein hohes Alter erreichen können, das Niveau des Gesanges im Allgemeinen heruntersinkt (Naumann).

Das thatsächliche Verhältniss zwischen der Beschaffenheit des Stimmapparats, dem angeborenen Sing-Instinkt und den erworbenen Associationen kommt aber am deutlichsten zum Ausdruck in der bekannten Thatsache, dass in den verschiedensten Singvogelgruppen die Fähigkeit, andere Stimmen nachzuahmen, eine weit verbreitete ist.

Solche Recitatoren oder Spottvögel, welche in ihren natürlichen Gesang die Stimmen anderer Vögel hereinflechten, sind beispielsweise die Würger (Lanius), der Staar (Sturnus vulgaris), das Braunkehlchen (Pratincola rubetra), der Gartenrothschwanz (Ruticilla phoenicura), die Spottdrossel (Mimus polyglottus), der Gartenlaubvogel (Hypolaïs icterina), der Schwarzkopf (Sylvia atricapilla) und der Sumpfrohrsänger (Acrocephalus palustris). Dazu kommen noch die verschiedenen sog. sprechenden Vögel, welche durch Dressur dazu gebracht werden können, die Stimmen von Vögeln oder Instrumenten nachzumachen, nämlich ausser dem bereits genannten Staar die Rabenartigen (Corvidae) und der Gimpel (Pyrrhula rubricilla), und unter den nicht zu den Singvögeln gehörigen Formen die Papageien, vor allem der Graupapagei (Psittacus erithacus).

Die Thatsache, dass sich in dieser Liste Vögel aus den verschiedensten Abtheilungen vorfinden, scheint mir vor allem darauf hinzuweisen, dass die immerhin nicht ganz unbeträchtlichen Verschiedenheiten im Bau des Stimmapparats, besonders des Singmuskelapparats bezüglich der Singfähigkeit eine verhältnissmässig geringere Rolle spielen als die Verschiedenheit der geistigen Fähigkeiten. In letzterer Hinsicht kommt ausser dem ererbten Sing-Instinkt, welcher gewissermassen den Rahmen für den spezifischen Gesang liefert, hauptsächlich die Fähigkeit hinzu, den Gesang durch Uebung und Lernen zu vervollkommnen, eine Fähigkeit, welche wohl von dem Masse abhängig ist, in welchem die betreffende Art überhaupt neue Associationen zu bilden und Erfahrungen zu sammeln im Stande ist[1]), und in letzter Linie also mit den allgemeinen Lebensbedingungen der betreffenden Art zusammenhängen mag.

---

1) Man denke hier an das latente Sprechvermögen der als besonders „schlau“ bekannten Rabenvögel.

Geschlechtlicher Dimorphismus.

Damit stimmt im Wesentlichen das überein, was wir über den geschlechtlichen Dimorphismus im Bau des Syrinx wissen.

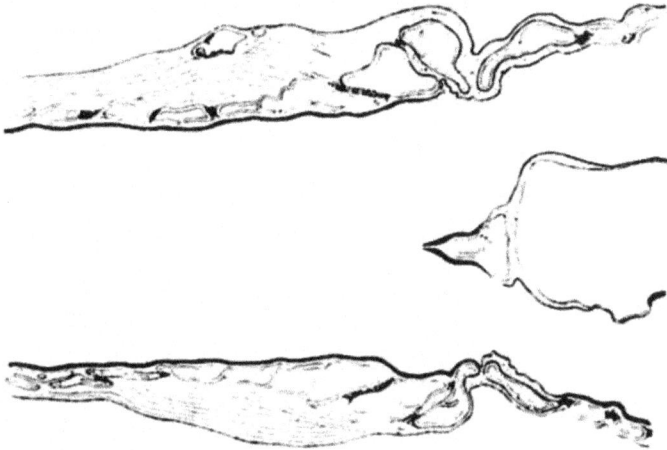

Fig. 10b.

Fig. 10a.

Fig. 10a und b. Syrinx der männlichen und weiblichen Amsel (Turdus merula).
Siehe die Figurenerklärung von Fig. 2.

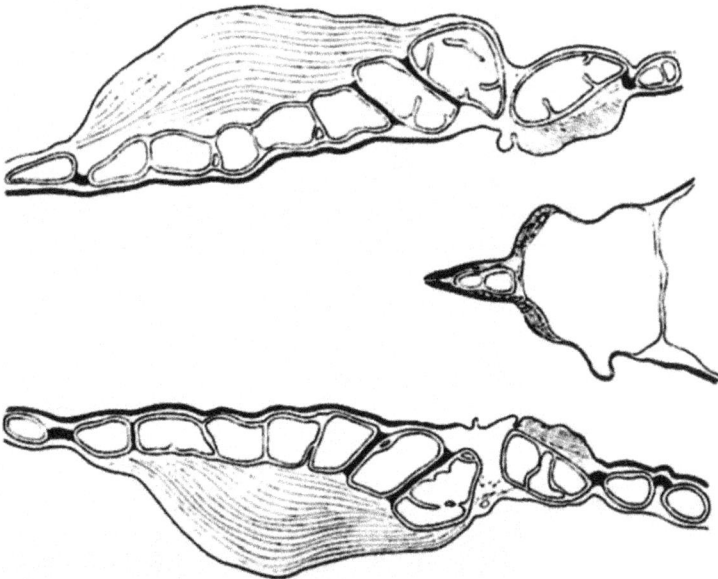

Schon einige ältere Forscher, Hunter, Latham und Merkel[1], haben darauf hingewiesen, dass bei den gut singenden Vögeln die Syrinxmuskulatur der Männchen stets stärker ist als die der Weibchen. Bei der Amsel (Turdus merula) tritt dieses Verhältniss, wie überhaupt das geringere Volumen des ganzen Organs schon äusserlich deutlich hervor. Auf Schnitten (Fig. 10a und b) ist ausserdem zu erkennen, dass beim Weibchen die Skelettstücke wesentlich geringer entwickelt sind, die Form des Steges eine etwas andere ist und dass die Labien weder die Grösse noch die regelmässige Anordnung der elastischen Fasern haben, welche beim Syrinx des erwachsenen Männchens zu sehen ist. Auch bei anderen Formen aus den Familien der Turdiden, Corviden und Fringilliden fand ich ähnliche Verhältnisse, insofern überall das Weibchen einen relativ geringeren Differenzirungsgrad als das Männchen zeigte. Von besonderem Interesse schien mir die Untersuchung des männlichen und weiblichen Gimpels (Pyrrhula rubricilla) zu sein, weil bei dieser Form die Weibchen in der Gefangenschaft eben so gute Sänger werden können wie die Männchen[2] (Naumann). Die Untersuchung einer grösseren Anzahl im Frühjahr erlegter Exemplare ergab, dass auch hier schon bei äusserlicher Betrachtung der weibliche Syrinx durch ein kleineres Volumen und eine schwächere Muskelbedeckung unterschieden ist und dass auch die Schnittbilder bezüglich des Skeletts und der Stimmlippen ganz ähnliche Verhältnisse bieten, wie bei der Amsel. Auf der Figur 11, die nebenbei den beim Gimpel besonders stark entwickelten Syringeus ventrilateralis (syr. vl.) und seine Insertion an der äusseren Paukenhaut illustrirt, ist speciell noch zu sehen, dass im weiblichen Geschlecht die Trommel (T.) die ursprüngliche, im männlichen Geschlecht fast ganz verloren gegangene Gliederung und Zusammensetzung noch deutlich hervortreten lässt.

Auch bei Vögeln aus anderen Gruppen liegen ähnliche Verhältnisse vor. Wenigstens stimmen beim Haushuhn, wie Sellheim[3] berichtet hat, die Geschlechtsunterschiede im ganzen Grossen mit den oben berichteten überein, und vor allem ist von

---

[1] Vergl. Wunderlich, l. c. S. 71 unten.

[2] Ueber singende Vogel-Weibchen vergl. Darwin, Abst. d. M., S. 417.

[3] H. Sellheim, Zur Lehre von den sekundären Geschlechtscharakteren. Beitr. zur Geburtshilfe und Gynäkologie, Bd. 1, 1898, S. 242.

Interesse, dass sich in einem genauer untersuchten Fall auch zwischen Hahn und Kapaun Unterschiede vorfanden, die sich in Stärke und Ansatz der Muskulatur, in Stärke und Anordnung der elastischen Fasern und vielleicht auch in der Schleimhautbekleidung aussprachen, also wesentlich graduelle waren.

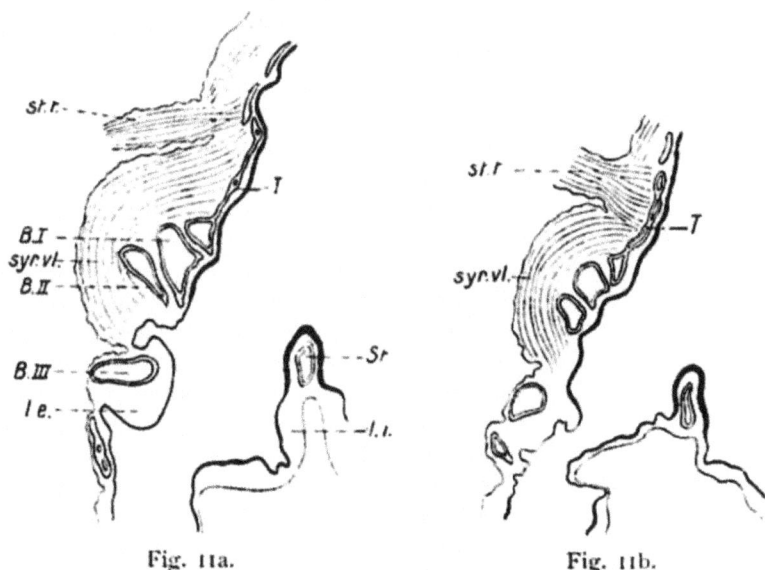

Fig. 11a.   Fig. 11b.

Fig. 11a und b. Syrinx des männlichen und weiblichen Gimpels (Pyrrhula rubricilla). *st.t.* Musc. sterno-trachealis, *syr.vl.* Musc. syringeus ventrilateralis, *l.e.* und *l.i.* Labium externum und internum, *T.* Trommel, *St.* Steg.

Etwas weiter gehen die Unterschiede bei der Schopfwachtel (Lophortyx californicus), bei welcher nach den Untersuchungen Garrod's und Wunderlich's im weiblichen Geschlecht der Tracheo-bronchialmuskel vollkommen fehlt[1].

Nicht viel anders als bei den Singvögeln und Hühnern liegen die Verhältnisse bei den mit einer ziemlich modulirbaren Stimme begabten Wasservögeln. Die Figur 12 zeigt den Syrinx des gemeinen Teichhuhns (Gallinula chloropus), und zwar stammt

---

1) Ueber den bei amerikanischen Tetraoniden u. a. vorkommenden Dimorphismus von Nebenapparaten (Resonanzapparaten) des Stimmorgans vergl. Darwin, Abst. d. M., S. 419.

Figur 12a von einem im ersten Frühjahr stehenden, mit noch
unentwickelter Stirnplatte versehenen Männchen, Figur 12b von
einem erwachsenen, mit ausgebildeter und hochroth gefärbter

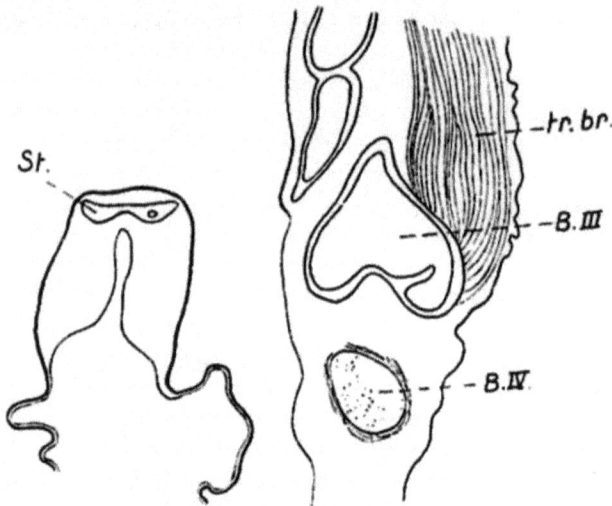

Fig. 12a.

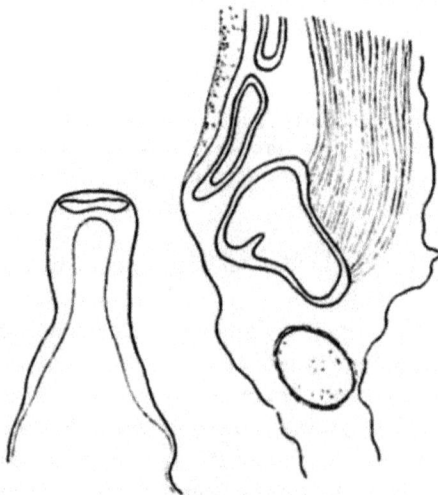

Fig. 12a und b.
Syrinx des männ-
lichen und weib-
lichen Teichhuhns
(Gallinula chloropus).
tr. br. Musc. tracheo-
bronchialis, *B. III.* und
B. IV. dritter und vierter
Bronchialhalbring, letz-
terer, wie die folgenden,
knorplig, *St.* Steg.

Fig. 12b.

Stirnplatte geschmückten Weibchen. Trotzdem nun beim Teichhuhn ein eigentlicher Paarungsruf zu fehlen scheint und überhaupt
ein Dimorphismus der Stimme für unser Ohr nicht zu erkennen

oder wenigstens nicht leicht zu beobachten ist, sind doch im Bau des Syrinx, in der Beschaffenheit der Skelettstücke und der Menge des elastischen Gewebes ähnliche graduelle Unterschiede wie bei den vorhin erwähnten Formen vorhanden.

Zu erwähnen ist zum Schluss noch eine interessante Beobachtung Wunderlich's, die sich auf die Entenvögel (Lamellirostres) bezieht. Das dem männlichen Syrinx zukommende, der Schallverstärkung dienende Gebilde, welches gewöhnlich eine blasenartige Erweiterung des linken Bronchus darstellt und als Labyrinth oder Pauke bezeichnet zu werden pflegt, findet sich, wenigstens bei der Hausente, auch bei weiblichen Embryonen in rudimentärem Zustand vor und zwar wenigstens bis zum 20. Tage der Entwicklung.

Alles in allem dürfen wir sagen, dass bei den Vögeln, soweit dieselben in dieser Hinsicht untersucht worden sind, ein regelmässiger Dimorphismus des Stimmorgans in der Weise besteht, dass das weibliche Organ im Allgemeinen ein geringeres Volumen, eine schwächere Muskulatur, einen primitiveren Bau der Skelettstücke und eine geringere Entwicklung der Labien zeigt.

Bei dem konstanten Auftreten des Stimmorgans auch im weiblichen Geschlecht ist wohl anzunehmen, dass es sich hier nicht um ein vom Männchen erworbenes und auf das Weibchen reciprok übertragenes Organ handelt, sondern dass der Dimorphismus in der Weise von einem ursprünglich monomorphen Zustand abzuleiten ist, dass beim weiblichen Geschlecht der Syrinx im grossen Ganzen auf Grund einer Art von Entwicklungshemmung auf einem weniger differenzirten Zustand zurückbleibt.

Offenbar lassen nun aber diese hauptsächlich auf relativen Massverhältnissen beruhenden Unterschiede des männlichen und weiblichen Syrinx höchstens die verschiedene Stärke und Tonfülle der Stimme verstehen, sie geben aber keine vollkommen genügende Erklärung für den häufig so weitgehenden Dimorphismus der Stimme selber. Vielmehr müssen wir annehmen, dass auch dem sexuellen Dimorphismus der Stimme, ebenso wie den spezifischen Unterschieden, hauptsächlich eine verschiedene Entwicklung der geistigen Fähigkeiten, speziell des Singinstinktes, zu Grunde liegt.

Im Hinblick darauf, dass beim Weibchen im Allgemeinen die anatomische Grundlage vorhanden ist und andererseits auch beim

männlichen Geschlecht die eigentliche Melodie vom einzelnen
Individuum erst erlernt werden muss, finden schliesslich auch
jene Fälle eine verhältnissmässig einfache Erklärung, in denen
bei weiblichen Vögeln, so bei Kanarienvögeln, Rothkehlchen
Lerchen und Gimpeln, ein melodischer Gesang beobachtet
worden ist [1].

III. Kapitel.

Entwicklung des Singinstinktes.

Wir sind im obigen zu dem Resultate gelangt, dass die
anatomischen Grundlagen für eine weitergehende Entwicklung
des Gesanges mindestens bei einer grossen Zahl der jetzt lebenden
Singvögel vorhanden sind, dass auch die geschlechtlichen Unterschiede hinsichtlich des Baues des Syrinx nur relative sind und
es daher weniger auf das Instrument, als auf den Spieler und
gewissermassen die Schule ankommt, mit einem Worte. dass es
sich bei dem Vogelgesang vorwiegend um ein thierpsycho-
logisches Problem handelt. Die Frage nach der Entwicklung
des Vogelgesangs wird damit der Hauptsache nach, da wir von
den vom Individuum erworbenen Associationen absehen können.
zu einer Frage nach der Entwicklung des Singinstinktes.

Es soll daher jetzt die Frage erörtert werden, ob sich vielleicht, wenn wir von den einfacheren Stimmelementen der Vögel
bis zur Stufe des Buchfinken- oder Nachtigallenschlages fort-
schreiten, eine zusammenhängende Reihe ergiebt, innerhalb welcher
auch eine allmähliche Weiterbildung und Spezialisirung der Bedeutung der Stimme verfolgt werden kann.

Theorien von Darwin, Wallace, Groos u. a.

Die specielle Frage, welche Bedeutung dem eigentlichen
Gesang der Vögel zukommt und auf welche Ursachen seine
Fortbildung bis zur Stufe des Nachtigallenschlages zurückzuführen
ist, hat seit Darwin eine Reihe von Forschern beschäftigt.

---

1) Vergl. Darwin. Abst. d. M., S. 417.

Darwin[1]) selbst hat den Vogelgesang, ebenso wie die in der Fortpflanzungszeit vielfach zu beobachtenden Flug- und Tanzkünste und die Schaustellung des „Hochzeitskleides" männlicher Vögel, in die Reihe der Werbungserscheinungen gestellt und hat, ebenso wie später Weismann[2]), die Entstehung und Vervollkommnung aller dieser Instinkte als eine Wirkung der geschlechtlichen Auslese zu erklären versucht. Innerhalb einer Vogelspecies würden danach hauptsächlich die gut singenden Männchen von den Weibchen bevorzugt und angenommen worden sein, und indem sich durch Vererbung die Fähigkeit der ersteren auf die Nachkommen übertrug, wurden immer besser und vollkommener singende Rassen gezüchtet.

Wie man sich bei allen jenen Formen der Werbung die Beeinflussung des Weibchens zu denken hat, ist zuerst durch G. Jäger[3]) ausgeführt worden. Danach wirken die Lautäusserungen und Schaustellungen der Männchen zunächst auf die Sinne der Weibchen und veranlassen dann reflektorisch die sexuelle Erregung.

Im Gegensatz zu Darwin glaubt Wallace[4]), dass eine direkte Auswahl der Männchen durch die Weibchen auf Grund einer Art von ästhetischem Geschmack, also eine geschlechtliche Auslese im Sinne Darwin's, nicht stattfinde. Ebenso wie die Farben und Zeichnungen, so dürften vielmehr auch die Töne ursprünglich nur die Bedeutung von Erkennungsmitteln beider Geschlechter gehabt haben. Bei ihrer Weiterbildung mag dann die natürliche, nicht aber die geschlechtliche Zuchtwahl insofern mitspielen, als die Töne eine möglichst zeitige Paarung der weitzerstreuten Artgenossen gestatten. In diesem Fall würden also die Deutlichkeit, Stärke und Modulirung des Gesangs als nützliche Eigenschaften der Wirkung der natürlichen Zuchtwahl unterliegen. Im Uebrigen glaubt Wallace — und hier lehnt er sich an einen Gedankengang Spencer's an — dass das Singen den Vögeln zu einem Vergnügen geworden ist und vermuthlich zur Ableitung überschüssiger Nervenkraft und

---

1) Entst. d. A., S. 110, und namentlich Abst. d. M., S. 415 ff.

2) A. Weismann, Gedanken über Musik bei Thieren und beim Menschen. Deutsche Rundschau, LXI. 1889.

3) G. Jäger, In Sachen Darwin's, Stuttgart 1874. Citirt bei L. Plate, Verh. der D. zool. Ges. 1899, S. 133.

4) A. R. Wallace, Der Darwinismus, S. 432—433.

Erregung dient, wie es der Tanz, der Gesang und die Belustigung im Freien für uns sind.

Einen durchaus abweisenden Standpunkt gegenüber der Annahme einer geschlechtlichen Auslese nimmt Spencer[1]) ein. Während Darwin als Grundlage für die Entwicklung des Vogelgesangs eine spezielle Kategorie der Töne, nämlich die zum Geschlechtsleben in Beziehung stehenden, annimmt, sucht Spencer nachzuweisen, dass in der Thierwelt die meisten Töne, z. B. das Bellen der Hunde, Grunzen der Schweine, Blöken der Schafe, Brüllen der Rinder, Schnattern, Gackern und Krähen der Hausvögel, keinerlei Beziehung zur sexuellen Erregung, vielmehr ihre Quelle in einem Ueberschuss von Lebensenergie (an overflow of nervous energy) haben, „welche ebensogut im Schweifwedeln wie in der Kontraktion der Stimmmuskeln ihren Ausdruck finden kann". Unter Hinweis auf die zahlreich zu beobachtenden Fälle, in denen die Vögel auch ausserhalb der Brutzeit singen, glaubt Spencer, dass auch der Vogelgesang keine Bewerbungserscheinung (kind of courtship) darstelle, sondern gleichfalls von einem Energie-Ueberschuss herrühre. Die Beziehung zwischen Werbung und Gesang ist nicht eine Beziehung von Ursache und Wirkung, sondern beide Erscheinungen sind Begleiterscheinungen, indem sie durch die gleiche Ursache, den Energie-Ueberschuss, zu erklären sind.

Auch Hudson[2]) führt den Gesang der Vögel, ebenso wie die Flug- und Tanzkünste und sonstigen Schaustellungen (displays) auf Anwandlungen von Fröhlichkeit zurück, welchen die Thiere periodisch unterworfen seien. In Bezug auf den geschlechtlichen Dimorphismus, der bei den genannten Erscheinungen in der Regel hervortritt, findet sich in Hudson's „Naturalist in La Plata" folgende, hinsichtlich der Auffassung von Wallace, Spencer, Hudson u. a. lehrreiche Stelle:

„Ein scharlach-brüstiger Troupial (Icterus) von La Plata sitzt sichtbar auf einer hohen Pflanze im Feld und steigt singend in Zwischenräumen senkrecht in die Höhe. Auf dem höchsten Punkt endigen Flug und Gesang gleichzeitig in einer Art von Luftpurzelbaum und Schnörkel. Inzwischen sieht und hört man nichts von dem dunkel gefärbten Weibchen. — Geht also dem Weibchen der so allgemein verbreitete Instinkt ab? Hat es keine plötzlichen

---

1) H. Spencer, The origin of music, Mind, XV, 1890.
2) W. H. Hudson, The Naturalist in La Plata, S. 261 ff.

Anwandlungen von nicht unterdrückbarer Fröhlichkeit? Zweifellos hat es solche und erweist sie unten in seinem Verstecke
durch munteres Gezwitscher und lebhafte Bewegungen — die einfache, primitive Form, in welcher Fröhlichkeit in der Klasse der
Vögel zum Ausdruck kommt."

Neuerdings hat sich auch Groos[1]) mit der Frage nach der
Bedeutung und Entstehung des Vogelgesangs beschäftigt. Gegenüber der Lehre vom Energie-Ueberschuss hebt Groos wohl mit
Recht hervor, dass dieselbe nicht gut mit unseren sonstigen biologischen Erfahrungen übereinstimme. Speziell gegenüber Wallace, der die Kraftüberschuss-Lehre mit der Selectionstheorie
verknüpft, macht Groos darauf aufmerksam, dass die Selection
etwas von dem „ehernen Lohngesetz" hat, „sie giebt mit karger
Hand das, was zur Erhaltung der Art absolut nöthig ist und nichts
darüber hinaus". Es wäre wohl Groos ein Leichtes gewesen,
besonders aus dem Gebiet der Fortpflanzungslehre eine Menge
von Beispielen heranzuziehen, welche geeignet sind, seinen Ein-
wurf gegenüber Wallace zu stützen[2]).

Andererseits gibt Groos gegenüber Wallace und den
anderen Gegnern Darwin's zu, dass eine bewusste Auswahl
von Seiten des Weibchens gewiss nicht die Regel ist. Dagegen
ist nach Groos eine unbewusste Wahl sicherlich anzunehmen:
„Wenn der Gesang im Grunde ein Erkennungsmittel, ein Herbei-
rufen des Weibchens durch das Männchen ist, so muss doch
psychologisch seine Wirkung die sein, dass sich das Weibchen
dahin wendet, wo es am meisten sexuell erregt wird. Das
Weibchen würde also ohne alle Reflexion dennoch eine
Art unbewusster Auswahl treffen." Es tritt an Stelle einer Auswahl der Wohlgefälligsten (im Sinne Darwin's) im Grunde nur
die unwillkürliche Auslese der sexuell am stärksten Erregenden[3]).

---

1) K. Groos, Die Spiele der Thiere, Jena 1896, S. 230 ff.
2) Auch in Bezug auf die Erklärung, welche die Kraftüberschusslehre
für die Entstehung der Schmuckfarben der Vögel gibt, lassen sich sehr
leicht verschiedene Einwände machen. Viele dieser Farben sind reine
Strukturfarben, können also keineswegs als Ausdruck einer besonders
erhöhten Stoffwechselthätigkeit aufgefasst werden: so die metallischen
Schmuckfarben und die Blaufärbung. Bei der Gattung Irene beispielsweise
kommt die brillante Blaufärbung des Männchens, verglichen mit der düsteren
Färbung des Weibchens, in erster Linie durch eine Veränderung des Fiedern-
Querschnittes zu Stande. Vergl. des Verf. Referat über P. Geddes und
J. A. Thomson, The evolution of sex, Biol. Cbl., Bd. 10, 1890, S. 312.
3) l. c. S. 241.

Anhangsweise gibt dann Groos[1] noch einem weiteren, sehr bemerkenswerthen Gedanken Ausdruck. Im Anschluss an eine von H. E. Ziegler ausgesprochene Vermuthung, dass bei allen Thieren ein hoher Erregungszustand des Nervensystems zur Begattung nöthig sei, glaubt Groos, dass eine Erschwerung der Begattung im Interesse der Arterhaltung nützlich sein müsse, und dass das Hauptmittel für diese Erschwerung in der instinktiven Sprödigkeit, im „Coquettiren" des Weibchens liege. Eben dieser Widerstand soll aber durch die verschiedenen „Liebesspiele", die Tanz-, Flug- und Gesangeskünste, sowie die Entfaltung auffallender oder schöner Farben und Formen überwunden werden.

Mit der Steigerung der weiblichen Sprödigkeit geht demgemäss auch eine Fortbildung der Bewerbungskünste des Männchens Hand in Hand, insofern diejenigen Männchen, welche die Bewerbungsinstinkte am höchsten entwickelt haben, am ehesten im Stande sind, die weibliche Sprödigkeit zu überwinden. Da nun sowohl durch die Sprödigkeit, als durch die Bewerbungskünste selbst die für die Arterhaltung nöthige Vorerregung gesteigert wird, so bringt eine Vervollkommnung jener Künste nicht nur dem einzelnen männlichen Individuum Nutzen, sondern sie dient direkt der Erhaltung und Weiterbildung der Art. Es findet demnach allerdings eine Art von Wahl oder sexueller Auslese statt, dieselbe ist aber schliesslich doch nur ein spezieller Fall der natürlichen Zuchtwahl.

Bedeutung und Entwicklung der einfachen Stimmelemente.

Wie aus dem Bisherigen hervorgeht, haben die meisten Forscher, welche mit dem Gegenstand beschäftigt gewesen sind, ihre Hauptaufmerksamkeit auf den eigentlichen Vogelgesang gerichtet und zwar vorzugsweise auf diejenigen seiner Erscheinungsformen, welche wir bei den nach unserer eigenen ästhetischen Empfindung „besten" einheimischen Sängern vorfinden. Man kann nun auch eine Behandlung des Problems in der Weise versuchen, dass man ein vergleichendes Verfahren in weiterem Sinne einschlägt und vor allem zu der eigentlichen Wurzel des Vogelgesangs, zu den einfachen Lauten und Rufen, zurückgeht. Schon Darwin[2]

---

1) l. c. S. 242.
2) Abst. d. Menschen, l. c. S. 427.

hat gesagt: „Es ist nicht schwer, sich die verschiedenen Stufen vorzustellen, durch welche die Töne eines Vogels, welche ursprünglich nur als ein blosser Lockruf oder zu irgend einem anderen Zwecke gebraucht wurden, zu einem melodischen Liebesgesang veredelt worden sein können." Es soll hier der Versuch gemacht werden, eine zunächst rein systematisirende Reihe aufzustellen, durch welche die einfachen Stimmelemente, vor allem der einsilbige Lockruf, mit dem gegliederten, melodiösen Gesang der Singvögel-Männchen verbunden werden.

Wenn man sich in den verschiedenen Ordnungen der Klasse der Vögel umsieht, so ergibt sich zunächst als Gesammteindruck, dass der einzelne Laut den reflexartigen Ausdruck eines Affektes darstellt, und zwar, dass es die verschiedensten Erregungen sind, welche den Vogel zur Aeusserung seiner Stimme veranlassen [1]. So finden wir z. B. bei den Tagraubvögeln, dass die bekannter Weise verhältnissmässig einfachen und wenig modulirbaren Laute derselben in erster Linie die Bedeutung von Paarungsrufen haben, d. h. dem Männchen hauptsächlich dazu dienen, das Weibchen zu locken. Wir sehen aber, wie dieselben oder andere, aber nur ganz wenig modulirte Laute ausgestossen werden, wenn es sich nicht um die geschlechtliche Erregung, sondern um ganz andersartige Affekte handelt. So lässt der Mäusebussard (Buteo vulgaris) seine miauende Stimme insbesondere in der Brutzeit hören, „sonst aber selten und besonders nur dann, wenn ihn hungert" (Naumann). Der Wespenbussard (Pernis apivorus) gibt dieselben Töne, die seinen Paarungsruf darstellen, zuweilen auch bei der Verfolgung durch die Krähen von sich, doch nicht so oft hintereinander (Naumann), und die sanfte Stimme der Kornweihe (Strigiceps cyaneus) hört man sowohl vor dem Uhu als auch Abends, wenn sie paarweise über dem Korne herumfliegt (Naumann).

Ein interessantes und lehrreiches Gegenstück hierzu bietet der weisse Storch (Ciconia alba), dem bekanntlich eine eigentliche Stimme fehlt und bei welchem das Klappern dieselbe vertritt. Dieser Laut dient nun als Ausdruck der verschiedensten Affekte: die jungen Neststörche klappern, wenn sie Hunger haben und wenn ihnen die Alten Futter zutragen, die Alten drücken damit Freude, Verlangen, Aerger und Wuth aus. Mit Klappern erheben

---

1) Vergl. Abst. d. Menschen, S. 415.

sich die Störche zur Reise nach dem Süden, und mit Klappern verkünden sie ihre Ankunft.

Auch bei denjenigen Vogelgruppen, bei welchen eine mehr oder weniger weitgehende Spezialisirung der Stimme hervortritt, indem bestimmt modulirte Töne auch bestimmten Affekten zum Ausdruck dienen, gibt es genug Beispiele, welche auf die ursprüngliche Bedeutung des einzelnen Vogelrufes hinweisen und zeigen, dass derselbe ursprünglich den Ausdruck eines beliebigen Affektes darstellt. Besonders lehrreich dürfte es in dieser Richtung sein, dass einige unserer bekannteren Singvögel, so die Amsel (Turdus merula) und das Hausrothschwänzchen (Ruticilla tithys), unter Umständen ihre Stimme in einer durchaus unzweckmässigen Weise erheben, nämlich dann, wenn sich irgend eine wirkliche oder vermeintliche Gefahr dem Neste oder der Brut nähert. Dieses unausgesetzte Locken, welches geeignet ist, den Feind geradezu auf die Brut aufmerksam zu machen, kann unmöglich zu den nützlichen, durch Selektion gezüchteten Instinkten gerechnet werden, vielmehr erklärt es sich nur dadurch, dass eben die Stimme ganz allgemein der Ausdruck eines Affektes ist, und dass sie um so intensiver laut wird, je hochgradiger die Erregung ist. So sehen wir z. B. auch, dass die weissen Bachstelzen (Motacilla alba), trotz sonstiger, ziemlich weitgehender Spezialisirung der Stimme, dennoch denselben Ruf im Frühjahr als Paarungsruf und im Herbst als Sammelruf bei den der Wanderung vorangehenden Versammlungen benützen.

Diese keineswegs scharf fixirte Beziehung zwischen Reiz und Reflex tritt, wie hier kurz eingeschaltet werden soll, auch noch bei den hochentwickelten Gesängen der Singvögel, nämlich in der allbekannten Erscheinung hervor, dass z. B. der Gesang des Kanarienvogels, der doch zweifellos ursprünglich eine Beziehung zum Liebesleben hat, auch ausgelöst wird durch laut geführte Gespräche, durch das Vorüberfahren eines Lastwagens oder durch den Lärm, den das Einschütten von Kohlen in den Ofen hervorruft.

Alles in allem können wir zunächst die Behauptung aufstellen, dass die Stimme der Vögel, speziell der einzelne Ruf bei einer Reihe von Vogelgruppen den Ausdruck einer beliebigen Erregung darstellt und dass sich Hinweise auf diese allgemeinere Bedeutung auch bei solchen Abtheilungen vorfinden, bei denen im Uebrigen eine weitergehende Spezialisirung eingetreten ist.

Wir können uns nun fragen, welcher Vortheil für die

Vögel darin lag, die Stimme auszubilden, also eine reflexartige Aeusserung, von der wir gesehen haben, dass sie unter Umständen geradezu verrätherisch und für das Individuum und die Art verderblich werden kann.

Es kann hier in erster Linie gesagt werden, dass die Ausbildung der Vogelstimmen, ebenso wie so viele andere Eigenthümlichkeiten der Vögel, aufs engste mit dem Flugvermögen zusammenhängt. Die Vögel können mit Hilfe ihrer Flügel in kurzer Zeit weite Strecken zurücklegen, in Folge dessen ist die Möglichkeit einer Zerstreuung der Glieder einer Familie oder einer Herde eine viel grössere als bei langsameren, weniger beweglichen Organismen.

Andererseits ist aber gerade das Zusammenhalten grösserer Gesellschaften, die Bildung von Herden und Kolonien eine Einrichtung, welche gerade in der Klasse der Vögel eine ausgedehnte Verbreitung besitzt. Die Vortheile dieser Einrichtung z. B. bei der Wanderung, bei der Nahrungssuche, bei der Vertheidigung der Brut sind ganz augenscheinliche, und es braucht nur an die Herdenbildung unserer Zug- und Strichvögel, z. B. der Staare, Krähen, Meisen, an die Brutkolonien der Schwalben und Reiher, erinnert zu werden, um die weite Verbreitung und die Bedeutung dieser Einrichtung speziell bei den einheimischen Vögeln vor Augen zu führen. Das Instinktmässige dieser Zusammenschaarungen tritt namentlich bei unseren Zugvögeln hervor, wenn dieselben im Frühjahr nach ihrer Rückkehr von einem Nachwinter überrascht werden. In solchen Lagen beobachtet man z. B. bei der schwarzköpfigen Grasmücke (Sylvia atricapilla) „die augenblickliche Vereinigung mehrerer nahe zusammen wohnender Paare, um gemeinschaftlich die Quellen der Nahrung aufzusuchen" (A. und K. Müller).

Neben dem Flugvermögen und der grossen Beweglichkeit sehen wir also bei den Vögeln einen ausgeprägten Geselligkeitstrieb oder Herdensinn entwickelt, demzufolge der einzelne Vogel den Trieb hat, sich mit Familien- und Artgenossen zusammenzuschliessen und, wenn er versprengt oder sonstwie isolirt ist, das instinktive Verlangen empfindet, sich wieder mit seinen Gefährten zu vereinigen. Demzufolge sind für die Vögel solche Eigenschaften von besonderem Vortheil, welche der Möglichkeit, sich zu zerstreuen, entgegenwirken und ein Zusammenhalten der Artgenossen in festen Verbänden erleichtern.

Bei Säugethieren dienen vielfach die Düfte verschiedener Drüsensekrete als Erkennungs- und Anlockungsmittel, und demnach finden wir bei denselben das Geruchsorgan auf einer verhältnissmässig hohen Stufe der Ausbildung. Bei den vorzugsweise durch die Luft sich bewegenden Vögeln ist ein derartiges Mittel aus naheliegenden Gründen ungenügend, und es tritt an seine Stelle, neben der hohen Entwicklung des Gesichtssinns, die Ausbildung der Stimme und die entsprechende Vervollkommnung des Gehörorgans.

In der That haben die einfacheren, noch wenig spezialisirten Stimmelemente, welche man von gesellig lebenden Vögeln mit schwach entwickeltem Stimmorgan, so z. B. von vielen Seevögeln, zu hören bekommt, hauptsächlich die Bedeutung, die Artgenossen zusammenzuhalten, in erster Linie natürlich, wenn sie als „Lockrufe" ein durch die Nichtbefriedigung des Geselligkeitstriebes hervorgerufenes Unbehagen zum Ausdruck bringen, dann aber auch, wenn sie sich im Schrecken als „Warn"- oder „Angstrufe" äussern oder durch irgend ein anderes der stärker wirkenden Unlustgefühle ausgelöst werden.

So könnten wir uns denken, dass sich die einfachen Stimmelemente zunächst als Arterkennungsmerkmale entwickelt haben, und wenn sie auf dieser ersten Ausbildungsstufe — die bei einigen Seevögeln und Tagraubvögeln noch am ursprünglichsten erhalten sein dürfte — nicht bloss den reflexartigen Ausdruck der oben genannten Unlustgefühle darstellen, sondern bei ganz beliebigen, also auch bei angenehmen Eindrücken und Empfindungen zur Aeusserung kommen, so haben wir in dieser Erweiterung wohl keine Anpassungserscheinung, sondern ein für die Erhaltung der Art indifferentes Nebenresultat der Entwicklung zu sehen.

Gegenüber der hier vertretenen Auffassung könnte man in Anbetracht der engen Beziehungen, welche die höheren Ausbildungsstufen der Vogelstimme zur Fortpflanzung haben, die Ansicht aufstellen, dass auch die einfacheren Stimmelemente, vor allem das, was wir gewöhnlich als „Lockruf" bezeichnen, von Anfang an mit dem sexuellen Leben verknüpft gewesen sind. Man könnte beispielsweise mit Wallace annehmen, dass die Lautäusserungen der Vögel ursprünglich als Erkennungsmittel beider Geschlechter einer Art entstanden seien und dass im Speziellen durch dieselben das Männchen das Weibchen herbeigerufen habe.

Demgegenüber kann aber wohl darauf hingewiesen werden,

dass bei den Vögeln mit weniger vollkommenem Stimmorgan und weniger specialisirter Stimme die sexuellen Laute keineswegs so in den Vordergrund treten, wie z. B. bei den Singvögeln, dass vielmehr bei den ersteren die Stimme, namentlich in ihren Spezialisirungen als Lockruf, Warnruf, Signalruf, gerade im ausser-sexuellen Leben eine viel augenscheinlichere Bedeutung für die Erhaltung der Individuen und der Art besitzt als während der eigentlichen Fortpflanzungsthätigkeit.

Alles in allem möchte ich also einen ursprünglich beiden Geschlechtern gleichmässig zukommenden (monomorphen) Zustand von Stimmorgan und Stimme annehmen, in welchem der Stimme ganz allgemein die Bedeutung zukommt, die Artgenossen zusammenzuhalten.

Spezialisirung der einfachen Stimmelemente.

Innerhalb der meisten Vogelgruppen und zwar vornehmlich solcher mit wohlausgebildetem Singmuskel-Apparat ist nun aber eine Spezialisirung in dem Sinne zu beobachten, dass sich neben dem ursprünglichen Grundton, den wir in vielen Fällen als Hauptlockton bezeichnen können, eine Anzahl verschiedener Laute mit jeweils verschiedenen Bedeutungen hervorgebildet hat.

Schon bei einer Anzahl von Wasservögeln finden wir den Beginn einer ziemlich weitgehenden Spezialisirung, indem der eigentliche Grundlaut je nach dem Affekte, der ihn hervorruft, jedesmal in bestimmt modulirter Weise reproducirt wird. So ist die Stimme des Flussuferläufers (Actitis hypoleucos) nach Naumann ein äusserst helles, zartes, weitschallendes Pfeifen in einem sehr hohen Tone, ähnlich dem Rufe des Eisvogels (Alcedo ispida). Sie klingt wie hididi, hididih, und „auf dieses hohe I sind alle vorkommenden Abwechslungen gestellt, so dass Lockton, Warnungsruf, der Ausdruck von Freude, von Leid u. s. w. fast gar keine Verschiedenheiten zeigen, als die im Ausdruck liegen, wie denn z. B. in Noth und Angst der Ton mehr gedehnt wird (iiht), bei ärgerlichen Vorfällen, auch im Schreck, bloss einfach als ein kurzes Id ausgestossen, bei recht eifrigem Locken aber das Hididi hastiger und öfter wiederholt ausgerufen wird". Auch die Dunen-Jungen haben schon diesen Ton, nur viel zarter noch und auch mehr gedehnt, wie ihdihdihd klingend. Ganz besonders ist der Paarungsruf oder Gesang des Männchens in der Begattungszeit ausgezeichnet, er klingt hoch und hell wie tItIhIdI, tïtïhïdï, tïtïhïdï. Aehnliche Differenzirungen finden sich auch bei dem oben genannten Teichhuhn (Gallinula chloropus) und vielen anderen Regenpfeifer- und Rallenartigen.

Die höchste Stufe nehmen hinsichtlich der Spezialisirung der Stimme zweifellos die Singvögel ein. Fast alle zu den echten Singvögeln gehörigen Formen haben mehrere verschiedenartige Rufe von durchaus verschiedener Bedeutung, welche also mit einander gewissermaassen eine aus lauter Interjektionen zusammengesetzte Sprache darstellen. Gewöhnlich finden sich bei den verschiedenen Arten einer Gattung oder Familie parallele Rufe von ähnlichem Klang und homologer Bedeutung, und es ist ohne weiteres klar, dass derartige Erscheinungen durch die natürliche Verwandtschaft der betreffenden Arten zu erklären sind. So haben die verschiedenen einheimischen Finken-Arten ausser ihrem **Hauptlockton** — es ist beim Buchfink (Fringilla coelebs) derjenige Ton, der ihm den Namen gegeben hat — einen besonderen **Ruf beim Auffliegen und im Flug überhaupt** und ausserdem einen hauptsächlich in der Paarungszeit und in der Nähe des Nestes wahrnehmbaren Warnungsruf. Ganz ähnliche Differenzen finden sich bei den Grasmücken (Sylvia), Laubvögeln (Phyllopneuste), Meisen (Parus) u. a. Besonders zahlreiche Modifikationen zeigt auch die Amsel oder Schwarzdrossel (Turdus merula). Diese Töne sind nach Naumann ungefähr die folgenden:

1) ein trillerndes ßrii und ßrißrii,

2) ein tiefes, hohles und dumpfes Tack tack oder Tuck tuck,

3) ein hohes, weitschallendes Tix tix tix tix tix tix,

4) ein durchdringendes hastiges Gaigiggiggiggi, gaigiggiggiggi,

5) ein oft, manchmal Minuten lang wiederholtes Tix.

Von diesen Lauten bedeutet No. 1 die gewöhnliche Lockstimme, womit die Amseln einander sitzend und fliegend anrufen, mit No. 2 locken sie gleichfalls ihre Kameraden, oder sie drücken damit Freude und Wohlbehagen aus, auch zeigen sie damit an, dass etwas im Anzug ist, was ihre Sicherheit gefährden kann. No. 3 wird bei näher kommender Gefahr, No. 4 beim Ergreifen der Flucht oder bei plötzlicher Gefahr ausgestossen. Mit dem tack tack verbunden, ist dieser Ton das „Signal zur Flucht, welches auch andere Thiere des Waldes zu verstehen scheinen". No. 5 ist der abendliche Ruf, den sie vernehmen lassen, wenn sie zu singen aufhören und sich ins niedere Gebüsch begeben oder auch zur Tränke fliegen.

Signalruf der Wandervögel.

Unter den spezialisirten Lauten sind nun mit Rücksicht auf ihre weite Verbreitung und wichtige Bedeutung hauptsächlich zwei Formen eingehender zu besprechen, nämlich auf der einen Seite der Signalruf (Wanderruf) der wandernden und streichenden Vogelscharen, auf der andern der Paarungsruf (Frühlingsruf). In beiden Fällen handelt es sich um Erscheinungen, die der Erhaltung der Art direkt zu gute kommen und bei deren Ausbildung demnach eine unmittelbare Wirkung der Selektion angenommen werden muss.

Von dem ursprünglichen Lockruf, der nach dem Obigen zunächst wohl die Aeusserung des nicht-befriedigten Geselligkeitstriebes darstellt und also z. B. mit dem Wiehern des Pferdes bei der Trennung von den Stallkameraden verglichen werden kann, würde sich der Signalruf darin unterscheiden, dass er von den gesellig lebenden Vögeln auch dann, wenn kein Mitglied der Gesellschaft fehlt, ohne dass also eine besondere Erregung, es sei denn die mit der physischen Anstrengung verbundene, vorliegt, im Flug und überhaupt während der Bewegung fast ununterbrochen ausgestossen wird. Der Signalruf stellt also einen gewissermassen zur Gewohnheit gewordenen Lockruf dar, und zwar dient er den Vögeln als fortwährendes Signal, durch welches sie unbewusst zum beständigen Zusammenschluss veranlasst werden, ebenso wie die Glocken des Weideviehs den Zusammenhalt der Herde zum Zweck haben. So hören wir, wie die streichenden Scharen der Buchfinken (Fringilla coelebs) während des Flugs und namentlich unmittelbar nach dem Auffliegen ohne erkennbare besondere Veranlassung einen eigenthümlichen Lockruf (jüpp-jüpp) vernehmen lassen, der in verschiedenen Modifikationen, aber immer mit derselben Bedeutung, bei den meisten verwandten Arten wiederkehrt, ein Beweis, dass es sich hier um eine von den gemeinsamen Vorfahren ererbte Eigenthümlichkeit handelt [1]). Auch die wandernden Meisen (Parus),

---

[1]) Der entsprechende Ton des Bergfinken (Fringilla montifringilla) klingt wie jäck jäck jäck, der des Grünlings (F. chloris) wie gick gick gick, der des Bluthänflings (F. cannabina) wie gäck, gäcker oder knäcker u. s. w.

Baumläufer (Certhia), Spechtmeisen (Sitta) und Goldhähnchen (Regulus) lassen, während sie im Herbst und Winter in grösseren, aus verschiedenen Arten gemischten Herden von Baum zu Baum streichen, fortwährend einen leisen, zischenden Lockruf hören, und es ist gerade hier bezeichnend, dass alle Glieder dieser zusammengesetzten Reisegesellschaften einen gleich oder meistens sehr ähnlich klingenden Ruf besitzen. Noch ein weiteres Beispiel sei angeführt. Hier in Freiburg haben wir vom Herbst bis zum Frühjahr jeden Abend bei Sonnenuntergang Gelegenheit zu beobachten, wie die Krähen (Corvus corone) aus den Schwarzwaldthälern, wo sie auf den Aeckern und Wiesen des Tags über ihre Nahrung suchen, nach ihren gemeinsamen Schlafplätzen in dem im Rheinthal gelegenen „Mooswald" ziehen. Bei diesem Flug zu den Schlafplätzen, der gewissermassen eine Vorstufe zu den Wanderflügen darstellt, und der je nach der Richtung und Stärke des Windes bald höher, bald tiefer, aber immer in ziemlich genau eingehaltener Richtung vor sich geht, lassen die Vögel, trotzdem sie ihre Genossen deutlich sehen und ebenso Ziel und Weg genau kennen, regelmässig, wenn auch allerdings je nach dem Wetter häufiger oder spärlicher, ihre Stimme hören. Auch hier handelt es sich wohl um einen zur Gewohnheit gewordenen Lockruf, also um das, was wir kurz als Signalruf bezeichnen wollen.

Eine ganz hervorragende Bedeutung gewinnt der Signalruf beim Wandern der Zugvögel. Nach neueren Beobachtungen vollzieht sich das Wandern einer grossen Zahl von Zugvogelarten normaler Weise in den höheren Luftregionen, wo die ihnen zusagenden Witterungsverhältnisse, nämlich ein Zustand grösserer Ruhe, verbunden mit sehr geringem Feuchtigkeitsgehalt, dominiren[1]). Treten in diesen Regionen Witterungsstörungen auf, so senken sich die Vögel in die tieferen Schichten der Atmosphäre in die Nähe der Erdoberfläche herab, um dann bei Eintritt günstiger Luftströmungen sofort wieder in die höheren Luftregionen emporzusteigen. Bei diesen mit grösster Geschwindigkeit sich vollziehenden Reisen wird von den meisten Arten fast ununterbrochen gelockt, und man kann sich leicht denken, dass gerade bei ungünstigen Witterungsverhältnissen, namentlich in stürmischen, finsteren Nächten, dieses Rufen und Locken in ähnlicher Weise unentbehrlich ist, wie in nebelreichem Fahrwasser

---

1) Vergl. H. Gätke, Die Vogelwarte Helgoland, Braunschweig 1891, S. 79.

die Signale des Nebelhorns und der Glockenbojen. Welche Bedeutung diese Signalrufe für das Zusammenhalten der Artgenossen haben, darüber gewinnt man ein besonders anschauliches Bild, wenn man die Beschreibung liest, welche Gätke von einem der nächtlichen Massenzüge gegeben hat:

„In dieser weiten Stille", so schreibt der Helgoländer Beobachter, „vernimmt man zuerst vereinzelt das leise Czip der Singdrossel (Turdus musicus), auch wohl hier und da den hellen Lockton der Lerche (Alauda arvensis) — dann wieder ein oder zwei Minuten vollständiger Ruhe, plötzlich unterbrochen durch das weitschallende Ghiik der Schwarzdrossel (Turdus merula), dem bald das vielfältige Tir-r-r einer vorbeieilenden Schaar Strandläufer (Tringa) folgt — die Lockrufe der Lerche steigern sich schnell an Zahl, man hört nah und fern kleinere und grössere Gesellschaften herannahen und entschwinden — zu dem heiseren Etsch der Bekassinen (Gallinago media) gesellt sich das klare Tüth der Goldregenpfeifer (Charadrius auratus), das laut gerufene helle Klü-üh des Kiebitzregenpfeifers (Ch. squatarola), der wilde, weithallende Ruf des grossen Brachvogels (Numenius arquatus), das vielfältige Schack-schack-schack der Wachholderdrossel (Turdus pilaris), das gezogene Zieh der Rothdrossel (T. iliacus) — dann eine eilige, offenbar langgedehnte Schaar des isländischen Strandläufers (Tringa canuta), erkennbar an dem hundertfältig schnell ausgestossenem Tütt-tütt — tütt-tütt — tütt-tütt, und zahllose pfeifende, schnarrende und quäkende Stimmen, die an die Melodie knarrender Wagenräder erinnern, und von denen manche sehr laut und rauh ausgestossene Rufe offenbar dem Fischreiher (Ardea cinerea) und seinen mannigfaltigen Verwandten angehören."

Man kann aus der Gesammtheit der im Vorstehenden aufgeführten Thatsachen wohl entnehmen, dass der Signal- oder Wanderruf der Zug- und Strichvögel eine ausserordentlich wichtige, der Erhaltung der Art zu gute kommende Bedeutung hat, und dass demnach diese, ursprünglich wohl im Zusammenhang mit der physischen Anstrengung und der dadurch bedingten Erregung stehenden Lautäusserungen der direkten Wirkung der Selektion unterstehen.

Paarungsruf und Gesang.

Neben dem Wandertriebe sind es nun hauptsächlich die geschlechtlichen Instinkte, mit deren Entwicklung eine weitere, der

Art-Erhaltung im besonderen Masse dienende Differenzirung der Vogelstimmen verknüpft ist.

Um in dieses verwickelte und viel umstrittene Gebiet eindringen zu können, empfiehlt es sich, vorläufig zwei Punkte gesondert zu behandeln, nämlich einerseits den vermuthlichen genetischen Zusammenhang zwischen dem ursprünglichen Lockruf und dem Paarungsruf, Gesang und Schlag, andererseits die Bedeutung, welche die einzelnen sexuellen Lautäusserungen für das Individuum und die Art besitzen.

Manche Vögel lassen in der Fortpflanzungszeit den gewöhnlichen Lockruf in besonders häufiger Wiederholung, unter Umständen mit grösserer Intensität und lebhafterer Tonfärbung vernehmen. Bei zahlreichen anderen Formen, und dazu gehören die stimmbegabteren Wasservögel und vor allem die Singvögel, sind gewisse besonders modulirte Töne ausschliesslich in der Fortpflanzungszeit zu vernehmen. Handelt es sich dabei um besonders laute und hauptsächlich vom Männchen vernehmbare Laute, so pflegt man vom Paarungs- oder Frühlingsruf zu reden. So haben auf der einen Seite z. B. die einheimischen Grasmückenarten (Sylvia) ausser dem eigentlichen schmatzenden oder schnalzenden Lockruf (Tack tack) und dem gedämpften, schnarchenden Warnungsruf (Schaar) einige eigenartige sanfte Laute, welche die Gatten im Frühjahr und dann wieder, wenn sie Anstalt zur zweiten Brut machen, hören lassen. Andererseits finden wir wirkliche laut tönende Paarungsrufe bei verschiedenen Finken- und Meisenarten, also bei Vögeln, deren Repertoire überhaupt ein verhältnissmässig grosses ist.

Die verschiedenen Lockrufe und speziell die Paarungs- oder Frühlingsrufe bilden die Grundlage für die Entwicklung des Gesanges und Schlages. Bei sehr vielen Vögeln können wir überhaupt keine feste Grenze zwischen Lockruf, Paarungsruf und Gesang ziehen.

Bei einer Reihe von Formen entsteht eine Art Gesang durch eine mehrmalige Wiederholung des Lockrufs, wobei indessen dem einzelnen Ton gewöhnlich eine grössere Kraft und ein vollerer Klang beigegeben wird, als dem ursprünglichen Lockruf eigenthümlich ist. Dies gilt z. B. für die Spechte. Bei einer einheimischen Art, dem Grauspecht (Gecinus canus), kommt eine besondere Modulation dadurch zu Stande, dass die einzelnen Laute im Tone allmählich sinken. Andere Formen, z. B. die Regenpfeifer (Charadrius), Strandläufer (Tringa) und Flusstaucher

(Podiceps), reihen die einzelnen Töne so eng aneinander, dass daraus eine Art Triller entsteht.

Auch der Haussperling (Passer domesticus) verwebt seine Locktöne und verschiedene andere zärtliche Töne zu einem Gesang, der allerdings nur sehr schwer von dem bekannten Schelten der sich streitenden Männchen zu unterscheiden ist.

Indem die einzelnen Töne noch mehr modulirt werden, entsteht schliesslich eine Kategorie von Gesängen, die man am besten als Geschwätze bezeichnen kann, und die aus einer Aneinanderreihung der verschiedenartigsten Laute bestehen. Sehr zum Vortheil gereicht es bisweilen solchen Gesängen, wenn dem betreffenden Vogel die Fähigkeit der Nachahmung zukommt. Nicht immer sind allerdings diese nachahmenden Vögel besonders wählerisch, so flicht z. B. der Eichelheher (Garrulus glandarius) in seinen aus verschiedenartigen gurgelnden und schwätzenden, pfeifenden und kreischenden Tönen bestehenden Gesang die verschiedensten Laute, das Schirken der Säge, das Gackern der Henne, das Wiehern des Füllens ein. Andere zur Ordnung der Singvögel gehörige Formen vermengen ihre eigenen Töne ausschliesslich mit den Stimmen benachbarter Sänger und bilden auf diese Weise einen im Ganzen recht harmonisch klingenden Gesang. So sind namentlich die verschiedenen Würger-Arten (Lanius), vor allem der Neuntödter oder Dorndreher (L. collurio) Meister im Nachahmen anderer Vogelstimmen: zwischen seine eigenen Töne mischt er die Stimmen der Feldlerche und der Grasmücken und improvisirt ausserdem noch in der Weise, dass er rasch die Stimme eines vorüberfliegenden Distelfinken oder einer Rauchschwalbe zwischen die gewöhnlichen Bestandtheile seines Gesanges aufnimmt.

Auch ohne den Nachahmungstrieb können sich indessen aus den geschwätzartigen Gesangsformen durch Steigerung der Klangfülle ganz hervorragende Melodien entwickeln, wie namentlich die Gartengrasmücke (Sylvia hortensis) beweist, deren fortrollendes, aus flötenden Tönen bestehendes Lied zu den schönsten Vogelgesängen gehört.

Neben diesen unrythmischen Gesangsformen hat sich in bestimmten Vogelgruppen aus der Auseinanderreihung und Modulirung der einfacheren Stimmelemente ein zweiter Haupttypus des Vogelgesangs, der Schlag, entwickelt. Der Schlag besteht aus einer oder mehreren sich regelmässig wiederholenden Strophen, von denen jede aus gut gesonderten, scharf accentuirten, gleichsam

ausgesprochenen Silben von bestimmter Tonhöhe und Klangfarbe
besteht, welche in bestimmtem R y t h m u s aneinander gereiht
werden. Buchfink (Fringilla coelebs), Singdrossel (Turdus musicus)
und Nachtigall (Luscinia philomela) bilden die geläufigsten Beispiele eines Vogelschlags.

Einen e i n s t r o p h i g e n Gesang besitzt der Buchfink, bei
welchem jede Strophe aus einem Anlauf, einem Triller und einer
Schlussschleife, im Ganzen aus etwa 10 Silben besteht, z. B. nach
N a u m a n n

> T i t i t i t ü t ü t u t a s c h i t z k e b i e r oder
> K l i n g k l i n g k l i n g r r r r r a s c h i t z k e b i e r

lautet.

Es wurde bereits früher erwähnt, dass jede Gegend ihre
eigenen Buchfinkenschläge besitzt, und es mag hier hinzugefügt
werden, dass nach dem Urtheil der besten Kenner auch jeder
einzelne Vogel seine eigene Melodie, gewöhnlich aber deren zwei
besitzt. So liess ein von N a u m a n n mehrere Jahre hindurch
beobachteter Buchfink die beiden obigen Strophen hören, bald
jede regelmässig abwechselnd, bald jede sechs-, acht- und mehrmals wiederholend und dann zur andern übergehend.

Ein Beispiel eines m e h r s t r o p h i g e n Gesangs bietet die
Singdrossel. · Der Gesang derselben besteht aus mehreren stark
flötenden Strophen, von denen jede zwei- oder drei-, seltener vier-
bis fünfsilbig ist und mehrfach wiederholt wird, ehe die nächste
folgt, z. B.

> T r a t ü t r a t ü t r a t ü — k u d ü h b k u d ü h b k u d ü h b —
> ü g ü g ö g ü g ü g ö g.

Einen gewissermassen weitergebildeten Drosselgesang besitzt
die Amsel oder Schwarzdrossel (Turdus merula). Die Amseln, welche
in den ersten Frühjahrstagen leise ihren Gesang einüben, lassen
vielfach, ganz wie die übrigen Drosseln, eine deutliche Gliederung
des Gesanges in verschiedene, mehrfach wiederholte, zwei- und
mehrsilbige Strophen erkennen, in der Hauptgesangzeit verwischt
sich aber diese Gliederung, und der Gesang besteht dann aus einer
Folge von scheinbar unregelmässig aneinandergereihten, pfeifenden
und flötenden Strophen, zwischen welche sich leider auch einige
zirpende und heisere Töne einfügen. Es ergiebt sich hieraus,
dass die Amsel gewissermassen auf der von den gemeinsamen
Vorfahren der Drosseln ererbten Grundlage weiter gebaut und
einen — im Gegensatz zu den geschwätzartigen Gesängen der

Grasmücken, des Dorndrehers u. a. — sekundär ungegliederten Schlag sich erworben hat.

Einen unübertroffenen Reichthum an mannigfaltigen Strophen besitzt endlich der Gesang der Nachtigall (Luscinia philomela) und ihres östlichen Verwandten, des Sprossers (L. major). Es herrscht in diesen Gesängen eine solche Abwechslung der Töne und eine solche Harmonie, wie in keinem anderen Vogelgesang. Bechstein, Naumann u. a. haben versucht, diesen vielstrophigen Gesang durch Silben darzustellen, und es seien für diejenigen Leser, welche den Nachtigallengesang selber kennen, wenigstens die ersten Strophen der Naumann'schen Darstellung als Proben dieser Wiedergaben angeführt:

Ih ih ih ih ih watiwatiwati!
Diwati quoi quoi quoi quoi quoi qui,
Ita lülülülülülülülülülü watiwatiwatih!
Ihih titagirarrrrrrrrrr itz,
Lü lü lü lü lü lü lü lü watititit,
Twoi woi woi woi woi woi woi ih,
Lülü lülü lü lü lü dahidowitz,
Twor twor twor twor twor twor twor tih!

u. s. w.

Es seien hier zum Schluss noch die Grasmücken (Sylvia) angeführt, weil manche derselben, so die Mönchsgrasmücke (Sylvia atricapilla) und Zaungrasmücke (S. curruca) insofern den ersten und zweiten Typus vereinigen, als sie ausser einem geschwätzartigen Piano eine melodiöse, in Forte gegebene Flötenstrophe, den sogenannten „Ueberschlag", besitzen. Man kann bei der Mönchsgrasmücke gewissermassen am einzelnen Individuum im Laufe des Frühlings verfolgen, wie sich der Gesang von der einen Stufe auf eine höhere erhebt: „im Anfang des Hierseins wird nämlich das Piano sehr lange gedehnt und das Forte nur stümperhaft gesungen; nach und nach wird dies aber auch mehr einstudirt, seine Melodie deutlicher und bestimmter, und, je mehr es sich seiner Vollkommenheit nähert, das Piano abgekürzt und zuletzt dieses beinahe ganz weggelassen" (Naumann). Nehmen wir an, die Vorfahren der Grasmücken hätten ganz allgemein geschwätzartige Gesänge gehabt, und die Flötenstrophe sei erst später erworben worden, so hätten wir hier eine ähnliche Illustration des biogenetischen Grundgesetzes, wie wir eine solche bei der Amsel (Turdus merula) vorgefunden haben.

Bedeutung der sexuellen Laute.

Ueberblickt man die Gesammtheit der gleichzeitig mit dem Erwachen der sexuellen Thätigkeit der Vögel zu vernehmenden Laute, so wird man wohl als direkte auslösende Ursache für dieselben einen besonderen Erregungszustand, nämlich die sexuelle Erregung, das Verlangen der noch unvereinigten Individuen und das gesteigerte Verlangen der bereits gepaarten Gatten, angeben dürfen. Man kann wohl auch im Sinne Spencer's u. a. als Quelle für alle jene Laute die im Frühjahr periodisch überströmende Lebensenergie bezeichnen, wobei jedoch, wie ich glaube, die klaren Beziehungen zwischen den speziell geschlechtlichen Lautäusserungen und der Fortpflanzungsthätigkeit in überflüssiger Weise verschleiert werden. Bleiben wir also dabei: es giebt eine ganze Reihe von Lautäusserungen, deren adäquate Ursache die sexuelle Erregung ist.

Eine zweite Frage, die nicht so leicht zu beantworten ist und die auch nicht immer scharf genug von der Frage nach den physischen und psychischen Ursachen getrennt worden ist, ist die, welche Bedeutung diesen Lautäusserungen, namentlich den komplizirteren, weiter entwickelten, hinsichtlich der Erhaltung des Individuums und der Art zukommt, und ob wir es hier mit nützlichen, der Wirkung der Auslese unterstehenden Lebenserscheinungen zu thun haben.

Sprechen wir zunächst von den Männchen.

Es wird Niemand, der selber das Frühlingsleben der Vögel Jahr für Jahr mit offenem Auge verfolgt, die Auffassung von sich weisen können, dass die ursprünglichste und wichtigste Bedeutung der einfacheren sexuellen Laute der männlichen Vögel die Anlockung der Weibchen ist. Wer eine auf der Spitze einer jungen Fichte sitzende männliche Goldammer (Emberiza citrinella) unzählige Male ihren eintönigen Lockruf wiederholen hört oder wer eine männliche Spechtmeise (Sitta europaea), einen Grün- oder Grauspecht (Gecinus viridis und canus) beobachtet, wie sie vom obersten dürren Astzinken einer Eiche aus immer wieder ihren hell- und weitklingenden Paarungsruf hinaus senden, oder wer in den ersten Frühlingstagen, viele Wochen vor der Brutzeit, einen Buchfink (Fringilla coelebs), wiederum von einem möglichst hohen Standpunkt aus, seinen Schlag unermüdlich repetiren hört, der kann sich wohl kaum des Eindrucks erwehren, dass, wenigstens in diesen Fällen der noch

ungepaarte männliche Vogel von einem möglichst
prominirenden Punkte aus ein Weibchen aus der
Umgegend anzulocken bemüht ist. Schon der bei sehr
vielen Vögeln verbreitete Instinkt, sich während des Rufens und
Singens auf einen möglichst freien und hervorragenden Platz zu
setzen [1]), spricht, wie ich glaube, entschieden dafür, dass die betreffenden Laute für ein anderes Ohr berechnet sind, dass sie also
zunächst die Bedeutung von Lockrufen haben. Aehnliches, wie
für die oben citirten Stand- und Strichvögel, gilt auch für die
Zugvögel. Ich citire hier wieder Naumann, einen der besten
Vogelkenner und scharfsinnigsten Beobachter, die je gelebt haben.
Naumann bemerkt bezüglich der Nachtigall: „Die im Frühjahr
ankommenden singen beinahe alle des Nachts, um die später ankommenden, bei Nacht reisenden Weibchen anzulocken."

Allem nach dürften die sexuellen Lautäusserungen, zunächst
der Männchen, bei der Einleitung der Paarung eine
wichtige Rolle spielen. Speziell bei den einheimischen Stand-
und Strichvögeln kommt diese Bedeutung der Stimmmittel um
so mehr in Betracht, als hier eine der ersten Wirkungen des Ein-
tritts von anhaltend warmem Frühlingswetter die zu sein scheint,
dass sich die winterlichen Herden, Reise- und Tischgenossen-
schaften auflösen und ihre Glieder sich über weitere Distrikte zerstreuen. Nach allem, was man in dieser Richtung beobachten
kann, scheint nämlich die Paarung nicht in Form einer einfachen
Gliederung der Winter-Verbände in einzelne Paare vor sich zu
gehen, sondern es tritt — offenbar im Interesse der Verhütung
zu weitgehender Inzucht — zunächst eine weitgehende Lockerung
der Familien und sonstigen Gesellschaften hervor, der Herdentrieb
verschwindet, und an seiner Stelle stellt sich mehr und mehr der
Paarungstrieb ein. Erscheinungen, welche auf ein derartiges Verhalten hinweisen, kann man z. B. bei den Schwanzmeisen (Acredula
caudata und rosea) beobachten. Diese Meisen bilden im Winter
Verbände, die im Wesentlichen wohl Familienverbände sind, d. h.
aus Eltern und Jungen bestehen, und anscheinend zu den festesten,
geschlossensten Vereinigungen gehören, die wir bei den Strichvögeln finden. Mit dem Eintritt von andauerndem Frühlingswetter sind diese Horden an den Orten, wo man sie im Winter
täglich fast um die gleiche Stunde passiren sah, nicht mehr zu

---

[1]) Schon Montagu (1833) macht auf die Gewohnheit der Männchen
aufmerksam, sich zum Singen auf irgend einen weit sichtbaren Punkt nieder-
zulassen. Vergl. Ch. Darwin, Abst. d. M., S. 416.

finden, dafür kann man einzelne Männchen beobachten, welche
eifrig lockend herumstreifen, um bald darauf an den späteren
Brutstellen mit einer Gefährtin zu erscheinen.

Nach vollzogener Paarung, d. h. wenn im Allgemeinen
eine paarweise Vereinigung der Individuen einer Art stattgefunden
hat und die einzelnen Pärchen zur eigentlichen Fortpflanzungsthätigkeit und zum Nistgeschäft übergehen, gewinnen Frühlingsruf
und Gesang, was gleichfalls jeder Beobachter zugeben wird, allmählich eine andere Bedeutung, als ihnen vorher zukam. Die
Forscher, welche Spencer gefolgt sind, nehmen allerdings an,
dass die Lautäusserungen der bereits gepaarten Vögel einfache
Kraftdokumente sind, welche die overflowing energy zum Ausdruck bringen, dass sie also für die Erhaltung des Individuums
und der Art nutzlose Lebenserscheinungen sind. Demgegenüber
lässt sich Verschiedenes zu Gunsten der namentlich von Groos
vertretenen Auffassung vorbringen, dass den sexuellen Rufen
auch nach erfolgter Paarung eine wichtige Bedeutung zukommt.
Gehen wir auch hier wieder zunächst von den männlichen Lauten
aus, so darf man wohl sagen, dass dieselben, namentlich wenn sie
kurz vor dem Begattungsakt selber zur Aeusserung kommen,
einerseits (Groos) durch die mit ihrer Erzeugung verbundene
physische Anstrengung die eigene geschlechtliche Erregung
erhöhen, andrerseits (G. Jäger) auf das Gehör des Weibchens
wirken und dann reflektorisch auch die geschlechtliche Erregung
des letzteren steigern sollen. Auf roheren Stufen wirken dann
die Laute einfach durch vermehrte Intensität (Raubvögel, Seevögel), auf höheren Stufen dagegen durch die Vervollkommnung
der Klangfülle, der Melodik (Tonfolge) und des Rythmus.
Bald scheint hauptsächlich der Sinn für Klangfülle (z. B. bei der
Goldamsel, Oriolus galbula), bald für bestimmte Tonfolgen (beim
Fitislaubvogel, Phyllopneuste trochilus u. a.), bald einzig und allein
für einen gewissen Rythmus (z. B. beim Wasserpieper, Anthus
aquaticus) entfaltet zu sein, ein Hinweis darauf, dass sich bei den
Vögeln der akustische Sinn in den nämlichen drei Elementar-
richtungen entwickelt hat wie bei den Naturvölkern.

Wenn somit offenbar die sexuellen Laute der männlichen
Vögel eine primäre (pränuptiale) Bedeutung als Lockmittel und
eine sekundäre (nuptiale) als Erregungsmittel besitzen[1], so

1) Man vergl. Darwin, Abst. d. M., S. 415: „Der echte Gesang der
meisten Vögel und verschiedene fremdartige Laute werden hauptsächlich
während der Paarungszeit hervorgebracht und dienen entweder nur als
Reize oder bloss als Lockruf für das andere Geschlecht.“

dürfen wir auch annehmen, dass die natürliche Auslese in dieser doppelten Richtung bei der Fortbildung der Stimme mitgewirkt hat.

Wie verhalten sich nun die Weibchen?

Es ist eine weit verbreitete und zum Theil wohl auch durch Darwin's Lehre von der geschlechtlichen Zuchtwahl befestigte Annahme, dass gleichzeitig mit der morphologischen Trennung der Geschlechter im Thierreich gewissermassen von selber auch eine Vertheilung der Instinkte in der Weise gegeben sei, dass das Männchen ganz allgemein den lockenden und werbenden, das Weibchen den wählenden Theil repräsentirt, und dass entsprechend dieser Rollenvertheilung es gewissermassen mit dem Wesen des männlichen Organismus verbunden ist, durch Entfaltung einer Reihe von Mitteln den Gehör-, Gesicht- und Geruchsinn des Weibchens zu reizen und so das Weibchen zu locken und zu verlocken. Wenn nun auch das allgemeine Bild zu Gunsten dieser Auffassung zu sprechen scheint, so ist doch festzustellen, dass in zahlreichen anderen Fällen auch dem weiblichen Theil die Rolle des Lockens zufallen kann, und dass die vorhin erwähnte Vertheilung der Funktionen keineswegs zu den Grundcharakteren des geschlechtlichen Dimorphismus gehört. Wie wenig dies der Fall ist, zeigen schon viele Metazoen-Eier, welche die Spermatozoën durch Ausscheidung chemotaktisch wirksamer Substanzen anlocken, in ähnlicher Weise, wie die Archegonien der Farne die Antherozoïden. Aber auch bei den Geschlechtsthieren selbst lassen sich zahlreiche gegentheilige Beispiele zusammenstellen: man denke an die Schmetterlinge und Käfer, bei welchen bald die Männchen, bald die Weibchen, bald beide in gleicher Weise auf den Geruch-, Gehör- oder Gesichtsinn des anderen Geschlechtes einwirken: ein in Gefangenschaft gehaltenes Weibchen des Abendpfauenauges (Smerinthus ocellata) lockt durch seinen Duft über Nacht aus der ganzen Nachbarschaft die Männchen an das Bauer, bei der bekannten Todtenuhr (Anobium pertinax) erzeugen beide Geschlechter den an den Schlag eines Hämmerchens erinnernden Lockton, und ebenso sind bei den Leuchtkäfern (Luciola, Lampyris) beide Geschlechter mit Leuchtorganen ausgestattet. Oder wenn man schliesslich heraufgeht bis zu den Säugethieren: das „Fippen" des weiblichen Rehes darf doch ebenso gut als wirkliches Anlockungsmittel betrachtet werden, wie das Schreien des Reh-Bockes und der Männchen anderer Hirsch-Arten.

Verhalten sich nun die Vögel in dieser Richtung wesentlich verschieden? Der Umstand, dass thatsächlich die Anlockungsmittel der Männchen in der Regel auffälligere Formen besitzen, lässt leicht übersehen, dass auch den Weibchen das Mittel des Lockens keineswegs fremd ist. Ebenso wie die Weibchen sich beim Wandern und auf dem Strich vernehmen lassen, so besitzen sie auch im Fortpflanzungsleben gewisse Töne, welche augenscheinlich dazu dienen, vor der Paarung ein Männchen anzulocken und nach vollzogener Paarung die eigene Erregung und die des Männchens zu steigern. Es wurden schon vorher die Grasmücken (Sylvia) erwähnt, bei welchen beide Gatten in der Paarungszeit gewisse zärtliche Laute hören lassen. Noch mehr beweisend sind aber ein paar andere Beispiele. Wenn der männliche Grauspecht (Gecinus canus) vom höchsten Astzinken einer Eiche aus abwechselnd sein Trommeln oder Schnurren und seinen hellklingenden Paarungsruf ertönen lässt, so antwortet ihm aus einem benachbarten Waldbezirk mit einem nur wenig modifizirten Rufe das Weibchen, und dieses wechselseitige Rufen wird auch nach der Paarung fortgesetzt. Aehnliches gilt auch für die Spechtmeise (Sitta europaea): auf den laut flötenden oder pfeifenden Paarungsruf des Männchens (tüh tüh tüh) antwortet das Weibchen mit dem gewöhnlichen Lockruf (twät twät twät), den man von beiden Geschlechtern auch ausserhalb der Paarung hört. Besonders lehrreich ist schliesslich auch das Verhalten des weiblichen Kuckucks. Von diesem berichtet N a u m a n n: „Das Weibchen des Kuckucks hat auch seinen eigenen Frühjahrsruf, welcher einem hellen Gelächter oder Gekicher ähnelt, wie K w i c k w i c k w i c k w i c k. Wenn das Männchen in der höchsten Erregung den dreisilbigen Ruf K u c k u c k u c k hören lässt, „so hört man gemeiniglich dazwischen kurz vor- oder gleich nachher auch das Gekicher des Weibchens, und dann ist gewöhnlich der Akt der Begattung vollzogen. A u c h   w e n n   e s   d a s   M ä n n c h e n v e r l o r e n   h a t,   s u c h t   e s   m i t   d i e s e m   R u f   e i n   a n d e r e s h e r b e i z u l o c k e n". Hier wird uns also der Ruf des weiblichen Kuckucks in seiner sekundären Bedeutung als Erregungsruf und gleichzeitig in seiner primären als Anlockungsmittel vorgeführt.

Kurz, wir dürfen sagen, ebenso wie die anatomischen Befunde lehren, dass die weiblichen Vögel allgemein ein Stimmorgan besitzen, das hinter dem männlichen hauptsächlich nur in den Massverhältnissen zurückbleibt, ebenso zeigt die Beobachtung, dass die Weibchen vieler Arten auch hinsichtlich der Lautäusserungen

vielfach nur relativ, d. h. hauptsächlich in der Tonstärke und
Modulationsfähigkeit, den Männchen nachstehen und dass ihre
Stimme, sowohl in diesen einfacheren Fällen, wie in denjenigen
eines weitgehenden Dimorphismus, als Ausdruck derselben Affekte
dient und dieselbe Bedeutung hat, wie die der Männchen. Bei
beiden Geschlechtern dienen offenbar die sexuellen
Laute primär der gegenseitigen Anlockung, sekundär tragen sie, selber ein Ausfluss der geschlechtlichen Erregung, ihrerseits wieder zur Steigerung
derselben bei.

Ausser der bisher betrachteten primären (pränuptialen) und
sekundären (nuptialen) Bedeutung kann nun den sexuellen Lauten
noch eine tertiäre (extranuptiale) zukommen. Viele Vögel singen
nämlich auch ausserhalb der eigentlichen Fortpflanzungszeit, und
zwar kann man dabei mehrere verschiedene Fälle unterscheiden.
Zunächst ist das zwitschernde „Dichten", welches bei vielen Arten
die Jungen und Alten vor und nach der Mauserzeit hören lassen,
als eine besondere Erscheinung zu betrachten. Hier handelt es
sich zweifellos um eine Uebung der Stimme, welche für ihre
volle Entfaltung im nächsten Frühjahr vorbereitet werden soll,
also um einen spielend ausgeübten Instinkt [1]. Die übrigen hierher
gehörigen Fälle sind der Sommer-, Herbst- und Wintergesang
vieler Singvögel. Was zunächst den Sommergesang anbelangt, so ist zu bemerken, dass die bei vielen Vögeln zu beob-
achtende Fortdauer des Gesangs bis in den Juni hinein zum Theil
mit der Einrichtung der zweiten Brut, also mit einer zweiten
Kulmination des sexuellen Lebens, zusammenhängen mag und
daher der Erklärung keine besonderen Schwierigkeiten bietet.
Einzelne Arten, z. B. der Buchfink (Fringilla coelebs), die Goldammer (Emberiza citrinella), der Schwarzkopf (Sylvia atricapilla)
u. a. singen aber auch noch während des zweiten Brütens bis
zum Beginn der Mauser. In diesem Fall dürfen wir wohl den
Gesang einfach als den Ausdruck des psychischen Vergnügens
und des körperlichen Behagens, kurz des gesteigerten Lebensgefühls, betrachten. Es handelt sich also auch hier um die Bethätigung eines Instinktes ohne realen Anlass, um ein Spiel.
Immerhin ist in Erwägung zu ziehen, dass die Forterhaltung
eines gewissen sexuellen Erregungszustandes, in
Anbetracht der häufig stattfindenden Störungen der Brutthätigkeit

---

[1] Vergl. hierzu Groos, l. c. S. 65 ff.

4*

und der Nothwendigkeit, dieselbe auch ausserhalb des Termins wieder aufnehmen zu können, eine für die Erhaltung der Art nicht unwichtige Einrichtung sein mag.

Bei dem Wiederaufleben des Vogelgesangs im Herbste, woran namentlich das Rothkehlchen (Erythacus rubecula), die Amsel (Turdus merula) und der Weidenlaubvogel (Phyllopneusta rufa) betheiligt sind, haben wir es wohl im Gegensatz zum Sommergesang ausschliesslich mit einer Art Spielstimmung[1]) zu thun, also mit einem psychischen Zustand, in welchem sich z. B. spielende oder den Herren zum Spiele auffordernde erwachsene Hunde befinden mögen.

Aehnliches gilt wohl zum Theil für diejenigen Vögel, welche mitten im Winter, d. h. lange vor Beginn der eigentlichen Brutzeit, ihren Gesang vernehmen lassen. Hierher gehören der Zaunkönig (Troglodytes parvulus), dessen Brutzeit in den April fällt, und die Wasseramsel (Cinclus aquaticus), welche normaler Weise das erste Mal im April, das zweite Mal im Juni oder Juli brütet. Hier haben wir es mit besonders winterharten Vögeln zu thun, deren vollkommene Anpassung an das winterliche Klima schon darin zum Ausdruck kommt, dass sie, wenigstens hierzulande, wirkliche Standvögel mit eng begrenztem Wohnrevier sind. Bei diesen wetterfesten Vögeln genügen schon einige Stunden winterlichen Sonnenscheins, um die zur Spielstimmung führende Steigerung des körperlichen und psychischen Behagens hervorzurufen.

Es wurde im Obigen versucht, die Bedeutung der verschiedenen sexuellen Laute für die Erhaltung der Art zu ermitteln. Nur in wenigen Fällen, namentlich für den Herbstgesang mancher einheimischer Vögel, konnte eine unmittelbare Bedeutung für das Individuum und die Art nicht angegeben werden. Wie vorsichtig man indess mit solchen negativen Aufstellungen sein muss, wenn es sich um das an merkwürdigen Anpassungen so reiche Fortpflanzungsleben der Vögel handelt, das zeigt das Beispiel des gewöhnlichen Fichten-Kreuzschnabels (Loxia curvirostra). Man pflegt diesen Vogel als eine Abnormität in zeugungsphysiologischem Sinne anzuführen, indem seine normale Paarungs-

---

1) So sagt auch Darwin (Abst. d. M., l. c. S. 418) mit Bezugnahme auf den Herbstgesang: „Es ist nichts häufiger, als dass Thiere darin Vergnügen finden, irgendwelchen Instinkt auch zu anderen Zeiten auszuüben, als zu denen, wo er ihnen von wirklichem Nutzen ist. Die Katze spielt mit der gefangenen Maus und der Kormoran mit dem gefangenen Fische." Vgl. hierzu auch Groos, l. c. S. 283.

und Gesangszeit in den Dezember und Januar, die Brutzeit in den
Februar und das Ausfliegen der Jungen in den März fällt. Nun
gibt aber schon Naumann den Grund für diese Termin-
verschiebung an: der Vogel pflanzt sich fort und zieht seine
Jungen auf gerade in den Monaten, in welchen seine Haupt-
nahrung, der Fichtensamen, am reifsten und am besten zu haben
ist, so dass sich die Alten am leichtesten ernähren und ihre
Jungen, denen sie den Samen geschält und im Kropf eingeweicht
zutragen, damit bequem füttern können.

Entwicklung des Vogelgesangs.

In einem früheren Abschnitte wurde gezeigt, dass sich vom
einfachen Lock- und Paarungsruf bis zum vollkommenen Gesang
und Schlag nach Zahl und Modulirung der Töne eine
fortlaufende Reihe herstellen lässt, und man darf wohl die Annahme machen, dass sich entsprechend einer solchen Reihe wirklich auch die stammesgeschichtliche Entwicklung des Vogelgesangs vollzogen hat.

Auch in dem darauf folgenden Kapitel, bei der Besprechung
der Bedeutung der sexuellen Rufe, wurde durch die Unterscheidung einer primären, sekundären und tertiären Bedeutung
auf die vermuthliche Entwicklung der Vogelstimmen hingewiesen.

Endlich war wiederholt davon die Rede, dass sich bei verwandten Arten auch ähnlich klingende Laute mit homologer Bedeutung wiederfinden. Wenigstens lassen sich bei den Finken-
und Drosselartigen deutlich derartige Beziehungen verfolgen,
während allerdings ausnahmsweise auch bei nahe verwandten
Arten sehr weitgehende Divergenzen vorkommen können. Es
sei hier nur an die einheimischen Laubvögel (Phyllopneuste) erinnert, welche äusserlich eine so grosse Aehnlichkeit zeigen, dass
die Systematik, um ein sicheres Bestimmungsmerkmal zur Hand
zu bekommen, die Längenverhältnisse der einzelnen Schwungfedern heranziehen muss. Trotz dieser ausserordentlich nahen
Verwandtschaft zeigt der Gesang der einheimischen Arten nicht
die geringste Uebereinstimmung: das wohlbekannte, einförmige
und harte Dilm delm dilm delm des kleinen Weidenzeisigs
(Ph. rufa) unterscheidet sich ebenso von den eigenthümlichen, mit
dem Schwirren der Heuschrecke vergleichbaren Tönen des Wald-
laubvogels (Ph. sibilatrix), wie die sanft flötende Strophe des Fitis

(Ph. trochilus) von der aus verschiedenen Strophen zusammengesetzten, an manche Pieper- und Rohrsängermelodien erinnernden
Weise des Berglaubvogels (Ph. Bonellii). Abgesehen von diesen
mehr vereinzelten Erscheinungen dürfen wir immerhin sagen, dass
sich bei verwandten Arten im Gesang auch ähnliche Laute vorfinden, ja man kann sogar in gewissen Fällen, z. B. bei der Amsel
(Turdus merula), Hinweise auf das biogenetische Grundgesetz
finden, welchem zufolge die individuelle Entwicklung eines Merkmals im Ganzen die Stammesentwicklung wiederholt.

Es erhebt sich nunmehr die Frage, inwieweit die verschiedenen
Entwicklungstheorien, vor allem die Selektionslehre, uns die Entstehung und Fortbildung der Vogelstimmen erklären helfen, besonders auch, inwieweit sie uns die Erscheinung des geschlechtlichen Dimorphismus, also die Thatsache, dass
sich die beiden Geschlechter hinsichtlich der Ausbildung des
Stimmorgans und der Stimme verschieden verhalten, und speziell das überwiegende Singvermögen der Männchen verständlich machen.

Es sollen hier zunächst die Ansichten der früheren Autoren,
soweit sie die eben genannten Punkte betreffen, noch einmal kurz
zusammengefasst und denselben einige kritische Bemerkungen
beigefügt werden.

Die Darwin'sche Lehre von der geschlechtlichen Zuchtwahl
erklärt den geschlechtlichen Dimorphismus und speziell die männliche Präponderanz durch die Annahme, dass der Stimmapparat
und das Stimmvermögen zunächst vom Männchen erworben und
dann vom weiblichen Geschlecht als sogenannte reciproke
Merkmale in verkümmerter Form durch Vererbung übernommen
wurden.

Dieser Anschauung begegnet aber eine grosse Schwierigkeit
in der Thatsache, dass das Stimmorgan auch den weiblichen
Vögeln anscheinend allgemein zukommt und im Wesentlichen
nur graduell hinter dem männlichen Syrinx zurückbleibt. Dieser
Umstand bildet nämlich insofern für die Darwin'sche Theorie eine
Schwierigkeit, als in keinem andern Fall ein als reciprok zu be-
trachtendes Merkmal eine so allgemeine und gleichmässige
Verbreitung innerhalb grösserer Gruppen aufweist, sondern derartige Bildungen stets mehr sporadisch und ungleich-
mässig vom weiblichen Geschlecht übernommen werden. Es sei
hier an das Geweih des weiblichen Rennthiers, an die Stirnhöcker

der weiblichen lamellicornen Käfer und ähnliche Vorkommnisse erinnert [1]).

Nach der Spencer'schen Auffassung ist der Gesang der Ausdruck für die überströmende Lebensenergie, er stellt keine Bewerbungserscheinung dar und untersteht also nicht der geschlechtlichen Auslese. Wesshalb aber gerade die Männchen einen solchen Ueberfluss von Kraft und Erregbarkeit besitzen, darüber gibt die Spencer'sche Theorie keine genügende Anskunft, es sei denn, dass man überhaupt einen grundsätzlichen Unterschied in der physiologischen Beschaffenheit der Geschlechter, etwa eine Neigung zum „Katabolismus" beim Männchen, eine vorwiegend „anabolische" Tendenz beim Weibchen annehmen will [2]).

Was Wallace anbelangt, so nimmt derselbe, wie wir gesehen haben, eine vermittelnde Stellung zwischen Darwin und Spencer ein, indem er, wie letzterer, die Quelle des Vogelgesangs in einer überschüssigen Lebensenergie sieht, dabei jedoch, bei der Umbildung der einfacheren, als Erkennungsmittel dienenden Stimmelemente zu den höheren Stufen des Gesangs und Schlags, bis zu einem gewissen Grade eine Wirkung der natürlichen Auslese zugibt.

Der letzte der zu Anfang dieses Kapitels erwähnten Autoren, Groos, lässt an Stelle der bewussten Auswahl der wohlgefälligsten Männchen die unwillkürliche Auslese der sexuell am stärksten erregenden treten. Er gibt somit eine Wirkung der sexuellen Auslese bei der Fortbildung der Vogelstimmen zu. Indem Groos, hauptsächlich nach der zweiten von ihm als möglich vorgetragenen Auffassung, den Gesang und die anderen Bewerbungserscheinungen als nützliche, für die Arterhaltung direkt bedeutsame Mittel der Erregung darstellt, gibt er der Darwin'schen Theorie eine ganz neue und vielversprechende Fassung. Immerhin möchte ich glauben, dass auch die Groos'sche Anschauungsweise noch nicht vollständig genügt, um alle Entwicklungsphasen und Erscheinungsformen des Vogelgesangs zu verstehen, ganz abgesehen davon, dass die Kernfrage ungelöst bleibt, wesshalb denn ein so hochgradiger Erregungszustand für die Begattung und damit für die Arterhaltung nöthig sei.

1) Ueber reciproke Organe vgl. L. Plate, Die Bedeutung und Tragweite des Darwin'schen Selectionsprincips, Verh. Deutsch. Zool. Ges., 1899, S. 134, sowie Darwin, Abst. d. M., S. 260 u. 529 ff.

2) Vgl. P. Geddes and J. A. Thomson, The evolution of sex, London 1889, S. 26.

Wenn speziell Groos als Stütze für seine Auffassung eine Angabe der Gebrüder A. und K. Müller heranzieht, denen zufolge die Paarung der jungen Vögel lange vor dem Frühjahr, noch innerhalb der Gesellschaftsverbände und dem wenig geschärften menschlichen Auge nicht erkennbar, stattfinde, so möchte ich mich gegenüber diesem doch wohl nur als Vermuthung giltigen Satze auf die Autorität Naumann's berufen und insbesondere für die Zugvögel, bei welchen die Geschlechter vielfach zu verschiedenen Zeiten reisen und eine gegenseitige Anlockung direkt beobachtet werden kann, die allgemeine Giltigkeit der Müller'schen Behauptung entschieden in Frage stellen. Auch alles, was ich selbst seit vielen Jahren bezüglich der Paarungserscheinungen der Vögel beobachtet habe, glaube ich eher im gegentheiligen Sinne deuten zu sollen. So habe ich bereits oben S. 47 die Schwanzmeisen (Acredula caudata und rosea) erwähnt, welche für die Beobachtung desshalb besonders günstige Verhältnisse darbieten, weil sich die einzelnen Familienverbände von der Brutzeit her den ganzen Herbst und Winter hindurch bis zum Beginn der Paarung verfolgen lassen.

Ich möchte nun versuchen, eine etwas ausführlichere Theorie der Entwicklung des Vogelgesangs unter Hinweis auf das in den vorhergehenden Kapiteln zusammengezogene, theilweise neue Material zu begründen.

I. Die ursprünglichen Laute, von denen die Entwicklung des Vogelgesangs ohne Zweifel ausgegangen ist, haben wohl keine vorwiegende Beziehung zum sexuellen Leben gehabt, sondern dienten ganz allgemein als Signale oder Erkennungsmerkmale für die Artgenossen. Wenigstens scheint es mir nur von solchen allgemeineren Stimmelementen aus möglich zu sein, die mannigfachen Spezialisirungen abzuleiten, welche die Stimme auch ausserhalb des geschlechtlichen Lebens der Vögel, namentlich während der Strich- und Zugzeit, zeigt und welche zum Theil für die Erhaltung der Art von ganz augenscheinlichem Nutzen sind.

Es ist demnach anzunehmen, dass im Zusammenhang mit der Entwicklung des Flugvermögens und der damit verbundenen Entfaltung einer grösseren Beweglichkeit die Stimme in beiden Geschlechtern als ein Mittel zum Zusammenhalt der Artgenossen zur Ausbildung kam und in Form des Lockrufs, Warnrufs, Angstrufs u. s. w. als reflexartiger Ausdruck verschiedenartiger, miteinander mehr oder weniger zusammenhängender Affekte sich äusserte.

Ungefähr auf dieser Stufe der Stimmentwicklung stehen die Tagraubvögel (Accipitres) und zahlreiche Seevögel (Colymbi, Alcae u. a.), wenn auch bei den meisten zu dieser Gruppe gehörigen Formen die Spezialisirung rein sexueller Laute ihren ersten Anfang genommen hat [1]).

II. Es ist nun leicht zu verstehen, dass die Stimme, sobald sie als Ausdruck beliebiger Affekte entstanden war, sich in erster Linie in den Dienst desjenigen Affektes stellte, welcher bei den Thieren die andauerndste, regelmässigste und intensivste Form angenommen hat, nämlich der geschlechtlichen Erregung. Je enger diese Beziehungen wurden, um so mehr trat eine Spezialisirung gewisser Stimmelemente ein, welche als sexuelle Laute oder Paarungsrufe nicht mehr bloss allgemein dem Zusammenhalt der Artgenossen, sondern vorwiegend als Mittel der gegenseitigen Anlockung der Geschlechter dienten. Die nothwendige Begleiterscheinung dieser Spezialisirung musste nun aber das Auftreten des Dimorphismus des Stimmorgans und der Stimme sein: das anzulockende Weibchen muss an der Stimme erkennen, ob ein Männchen lockt, und umgekehrt muss das Männchen schon aus der Stimme entnehmen, ob sich ein Weibchen oder ein Nebenbuhler in der Nähe befindet. Der Dimorphismus des Stimmorgans und der Stimme ist demnach als eine Anpassungserscheinung zu betrachten, welche durch allmähliche Divergenz aus einem monomorphen Zustand heraus, nicht aber durch sekundäre Uebertragung eines vom Männchen erworbenen Merkmals auf das Weibchen entstanden ist. Eine Stütze für diese Auffassung dürften namentlich auch die im zweiten Kapitel besprochenen anatomischen Befunde bilden.

Neben der primären Bedeutung als wechselseitige Anlockungs- und Erkennungsmittel gewannen nun die sexuellen Laute eine sekundäre Bedeutung, indem sie, selber der Reflex der geschlechtlichen Erregung, ihrerseits wieder als Erregungsmittel dienten. Sie wirken einerseits auf das Gehör und steigern reflektorisch die Erregung des anderen Geschlechtes, andrerseits erhöhen sie durch die mit ihrer Erzeugung verbundene

---

1) Diesem mehr primitiven Typus gehören merkwürdigerweise, trotz ihres hochentwickelten Stimm-Muskelapparats, auch zahlreiche Rabenartige (Corvidae), namentlich die einheimischen Arten der Gattung Corvus, an, während bei den Elstern (Pica), Hehern (Garrulus) u. a., wie zum Theil bereits erwähnt wurde, in der Paarungszeit geschwätzartige Gesangsformen, also wirkliche sexuelle Laute, vernommen werden.

physische Anstrengung die eigene geschlechtliche Erregung. Eine möglichst weitgehende Steigerung des Erregungszustandes scheint aber ganz allgemein für den Erfolg der sexuellen Thätigkeit von Bedeutung zu sein, wie im Schlusskapitel noch näher ausgeführt werden soll.

Auf dieser Stufe, auf welcher bereits nebeneinander eine primäre (pränuptiale) und eine sekundäre (nuptiale) Bedeutung der sexuellen Laute besteht, befinden sich beispielsweise die Kuckucke und Spechte[1]).

III. Nachdem einmal der sexuelle Dimorphismus des Stimmorgans und der Stimme sich ausgebildet hatte, begann sich eine weitergehende Arbeitstheilung einzustellen. Um die paarweise Vereinigung der Individuen zu erleichtern, vor allem aber wohl im Interesse einer Steigerung der sexuellen Erregung, wurde dem weiblichen Geschlecht eine grössere Passivität, dem männlichen eine grössere Aktivität zu Theil. Während sich beim Weibchen ein neuer Instinkt, nämlich ein sprödes, zurückhaltendes Benehmen gegenüber den Bewerbungen des Männchens ausbildete, übernahm das Männchen mehr und mehr sowohl die primäre Funktion des Lockens als auch die sekundäre Aufgabe, den geschlechtlichen Erregungszustand zu steigern. Und während die bisherige Entwicklung unter dem Einfluss der natürlichen Auslese sich vollzog — der Zusammenhalt der Artgenossen, die gegenseitige Anlockung und Erregung der Geschlechter sind Triebe, welche der Arterhaltung zu gute kommen —, beginnt von dieser neuen Entwicklungsstufe an auch die geschlechtliche Auslese sich geltend zu machen. Indem nämlich das Weibchen die passive, zurückhaltende, das Männchen die aktive, werbende Rolle übernahm, stellte sich mehr oder weniger deutlich eine Konkurrenz der Männchen ein, und damit begann die unwillkürliche Auslese der sexuell am stärksten erregenden Männchen[2]) in Wirksamkeit zu treten.

Auf Grund der fortschreitenden Arbeitstheilung und unter dem parallel wirkenden Einfluss der natürlichen

---

1) Speziell bei den verschiedenen Spechtarten lässt sich die Entstehung des Paarungsrufs aus dem ursprünglichen Lockrufe, die allmähliche Differenzirung in einen männlichen und einen weiblichen Ruf und der Wechsel der Bedeutung leicht verfolgen: jeder Eichwald, der eine Anzahl von Grün-, Grau- und Buntspechten beherbergt, bietet hierzu während der Frühlingsmonate reichliche Gelegenheit.

2) Im Sinne von Groos.

und geschlechtlichen Auslese entwickelte sich also aus dem Paarungsruf, unter Vermehrung der Töne und Strophen und immer weiter gehender Modulirung, der Gesang und Schlag, zunächst der geschwätzartige Gesang, dann der melodiöseinstrophige und schliesslich der melodiös-mehrstrophige Schlag, Typen, welche wir bezw. bei den Würgern (Laniidae) und Grasmücken (Sylviidae), bei den Finkenartigen (Fringillidae) und endlich bei den Drosselartigen (Turdidae) finden.

Alle diese verschiedenen Formen des Gesanges und Schlages behalten zunächst die Bedeutung der einfacheren sexuellen Laute bei: sie stellen primär Anlockungs- und Erkennungsmittel, sekundär Erregungsmittel dar. Thatsächlich können wir bei manchen unserer einheimischen Singvögel, z. B. beim Buchfink (Fringilla coelebs), bei der Goldammer (Emberiza citrinella) u. a. beobachten, wie sie während der Paarungszeit nebeneinander und abwechselnd den zum Paarungsruf erhobenen Lockruf und den Gesang vernehmen lassen, ohne dass ein Unterschied der Veranlassung oder der Bedeutung erkennbar ist.

IV. Als einer weiteren Entwicklungsstufe angehörig können wir nun weiter diejenigen Fälle betrachten, in welchen der Gesang, das eigentliche Liebesleben der Vögel überdauernd, über die Brutzeit hinaus bis zur Mauser fortgesetzt (Sommergesang) oder im Herbst aufs neue angestimmt (Herbstgesang) oder an schönen Wintertagen längere Zeit vor der eigentlichen Paarungszeit begonnen wird (Wintergesang).

Zum Theil schon beim eigentlichen Frühlingsgesang, noch mehr aber in diesen letzteren Fällen dürfen wir wohl annehmen, dass Rudimente von höheren, über das Instinktmässige hinausgehenden psychischen Regungen mitspielen, sei es auch nur das psychische Wohlbefinden, welches durch die Ausübung der physischen Thätigkeit oder indirekt durch die Wirkung des Gesangs auf das eigene Ohr erzeugt wird, sei es die Freude am Können[1] oder etwas Aehnliches. Der Gesang ist dann der Ausdruck einer Spielstimmung, er wirkt, wie alle Spiele, auf die Psyche zurück und so kommt denn zur primären und sekundären noch eine allgemeinere (tertiäre, extranuptiale), das individuelle Wohlbefinden betreffende Bedeutung hinzu.

Man darf indess nicht verkennen, dass auch in diesen Fällen andere Deutungen nicht ganz ausgeschlossen sind. So wäre es

---

[1] Vergl. K. Groos, l. c. S. 295.

denkbar, dass auch der Sommergesang eine rein instinktmässige, für die Species nützliche Einrichtung ist, welche mit
Rücksicht auf die häufigen Störungen des Brutgeschäftes die Fortdauer eines gewissen Erregungszustandes über die normalen Be-
gattungs- und Brut-Termine hinaus begünstigt, und im Herbst-
und Wintergesang könnte man einfach eine übende, durch
günstige Witterungsverhältnisse ausgelöste Thätigkeit sehen.

Fassen wir zunächst die vermuthliche Entwicklung des Vogelgesangs hinsichtlich' seiner lautlichen Ausgestaltung und seiner
wechselnden Bedeutung zusammen:

Entwicklung der Stimme	Entwicklung der Bedeutung	Einfluss der Auslese	Beispiele
I. Einfache, mono-morphe Rufe	Signale und Er-kennungszeichen für die Artgenos-sen	Natürliche Aus-lese	Seevögel, Raub-vögel.
II. Sexuell di-morphe Rufe (Paarungsrufe)	Gegenseitige An-lockung der Ge-schlechter (pri-mär, pränup-tial) und gegen-seitige Erregung (sekundär, nuptial)	Natürliche und unbewusste geschlecht-liche Auslese	Kuckuck, Spechte; Schnepfen und Regenpfeifer.
III. Gesang und Schlag: Paa-rungsgesang			Würger, Gras-mücken, Buch-fink, Singdrossel. Nachtigall.
IV. Sommer-, Herbst- und Win-tergesang palä-arktischer Vögel	Allgemeine Wir-kung auf die Psyche. Fort-erhaltung des Er-regungszustan-des, Uebung (tertiär, extra-nuptial).	Z. Th. natür-liche Auslese	Goldammer, Roth-kehlchen, Was-seramsel.

IV. Kapitel.

Die übrigen Bewerbungserscheinungen.

Wir wenden uns nun der Frage zu, inwieweit der Gesang
mit den anderen sogen. Bewerbungserscheinungen, mit den musikalischen Geräuschen, welche nicht mittelst des Stimmorgans
erzeugt werden und welche man nach dem Vorgang Darwin's
als Instrumentalmusik bezeichnen kann, mit den Flug- und Tanz-

künsten und den Schaustellungen des Farben- und Federnschmuckes im Zusammenhang steht, und inwieweit die bisher er-
haltenen Resultate sich auch auf die hier aufgezählten Instinkte
anwenden lassen.

Betrachten wir der Reihe nach die einzelnen Kategorien von
Vorkommnissen.

Es wurde bereits eine Form von Instrumentalmusik
besprochen, das Klappern der Störche, und dabei erwähnt, dass
dasselbe keineswegs eine enge oder wenigstens vorwiegende Beziehung zum sexuellen Leben zeigt, sondern den Ausdruck der
verschiedenartigsten Affekte darstellen kann.

Trommeln der Spechte.

Im Gegensatz zum Klappern der Störche ist das Trommeln
oder Schnurren der Spechte eine nur im Frühjahr und
zwar allein vom Männchen ausgeübte Musik. Dieselbe kommt
dadurch zu Stande, dass der Specht sich an einen dürren Zacken
hängt und „mit seinem Schnabel so heftig und schnell dagegen
hämmert, dass jener in eine zitternde Bewegung geräth, wodurch
(wie durch den Klöppel auf dem Trommelfell) die Stösse ver-
doppelt werden; die Berührung des schnell hämmernden Schnabels
mit dem in eine bebende Schwingung gebrachten Zacken gibt
dann jenen lauten, schnurrenden Ton, welcher bald wie orrrrrrr,
bald wie ärrrrrrr u. s. w. klingt, nach Massgabe der Stärke
der Zacken, worauf eben getrommelt wird" (Naumann). Der
Schwarzspecht (Dryocopus martius), als der grösste und stärkste
unter den einheimischen Spechten, schnurrt am stärksten und in
einem tieferen Ton als die kleineren Spechte, weil er die stärksten
Zacken dazu wählt, die kleineren Spechte, namentlich die Buntspechte, erzeugen schwächere und höhere Töne, weil sie ihrer geringeren Grösse und Stärke wegen schwächere Zacken benützen.
Im Allgemeinen besitzt das Schnurren der einzelnen Arten einen
so spezifischen Klang, dass der Geübte daran sehr gut die Arten
unterscheiden kann.

Die Grundlage des Trommelns oder Schnurrens bildete zweifellos das weithin schallende Hämmern, welches die Spechte bei der
Nahrungssuche und beim Nestbaue ausüben und welches sich in
ähnlicher Form auch bei der Spechtmeise (Sitta europaea) vorfindet. Auf dieser Grundlage hat sich dann das Trommeln als
besondere Bewerbungserscheinung entwickelt.

In mancher Hinsicht bezeichnend für diesen Entwicklungsgang ist die Thatsache, dass beim Grün- und Grauspecht (Gecinus
viridis und canus) das Trommeln nur einen sehr schwachen Ausbildungsgrad zeigt [1]), während auf der anderen Seite diese beiden
Formen einen sehr wohlklingenden Paarungsruf besitzen, mit
welchem an Stärke und Wohllaut nur derjenige des Schwarz-
spechtes verglichen werden kann. Vielleicht hängt das Zurücktreten des Trommelns beim Grün- und Grauspecht mit einer Art
funktioneller Rückbildung des Schnabels und also indirekt mit
dem Umstand zusammen, dass die Nahrung dieser beiden Arten
nicht aus den unter der Rinde verborgenen Käfern und Käfer-
larven, sondern grösstentheils aus Ameisen besteht, die sie besonders gern auf dem Boden aufsuchen.

Es fragt sich nun, ob auch dem Trommeln der Spechte alle
die verschiedenen Bedeutungen zukommen, welche wir dem Paarungsruf und Gesang der Singvögel zugeschrieben haben. Dass
das Trommeln zunächst der Anlockung des Weibchens dient,
darauf weist schon die Thatsache hin, dass wenigstens die Grün-,
Grau- und Buntspechte diese Musik von einem möglichst hohen
Platze aus, besonders gern vom obersten Zinken einer alten Eiche,
vernehmen lassen. Diese Eigenthümlichkeit zeigt deutlich, dass
eine Wirkung des Trommelns auf ein anderes Individuum beab-
sichtigt ist, und thatsächlich lehrt die Beobachtung, dass das
Weibchen diesem Rufe auch wirklich folgt.

Auch die sekundäre Bedeutung des Paarungsrufes, welche in
der Steigerung der Erregung gelegen ist, tritt beim Trommeln
der Spechte klar zu Tage. So berichtet Naumann vom Schwarzspecht, dass er im Anfang der Begattungszeit oft vielen Lärm
macht, indem er sein Weibchen mit fast ununterbrochenem
Schreien durch grosse Strecken des Waldes verfolgt und dieses
Umherjagen gewöhnlich mit jenem Schnurren beschliesst, d. h. es findet das Schnurren vermuthlich unmittelbar
vor oder nach dem Begattungsakt statt.

Endlich ergibt sich aus der Beobachtung, dass die Spechte
auch während des Brütens mit dem Schnurren fortfahren, dass
also auch bei diesen Vögeln eine Fortdauer des Erregungszustandes

---

1) Für den Grünspecht geben einige der besten Beobachter, darunter
auch Naumann, an, dass derselbe überhaupt nicht trommelt. Doch glaube
ich mich darin nicht zu täuschen, dass ich in hiesiger Gegend auch
vom Grünspecht ein schwaches, kurzes, nur in der Nähe vernehmbares
Trommeln gehört habe.

besteht, welche bei Störungen des Brutgeschäftes eine Wieder-
aufnahme desselben erleichtert.

Nach allem dürfte sich also das Trommeln der Spechte in
jeder Hinsicht als eine dem Paarungsruf und Gesang anderer
Vögel analoge Erscheinung darstellen.

Einige andere Formen der Instrumentalmusik, wie das
Meckern der Bekassine und das Wuchteln der Kiebitze,
werden weiter unten Erwähnung finden, da sie gewissermassen
nur als Begleiterscheinungen anderer Bewerbungskünste auftreten [1]. Hier soll nur noch auf den bekannten brüllenden Paarungsruf der Rohrdommel (Ardea stellaris) hingewiesen werden.
Derselbe ist insofern als Instrumentalmusik zu bezeichnen, als
dieses Brüllen nicht durch den beinahe funktionslos gewordenen
Syrinx erzeugt wird, sondern durch den mit Luft vollgepumpten
Oesophagus. Ein komplizirter ösophagealer Stimm-Muskelapparat
und verschiedene, theilweise muskulöse Ventile, welche das ganze
Organ unten und oben abschliessen, sind bei dem Verschlucken
und Ausstossen der Luft wirksam [2].

Entwicklung der Flugkünste.

Wie beim Gesang der Vögel, so tritt auch bei den übrigen
Bewerbungserscheinungen ihre Bedeutung klarer hervor, wenn
man nicht die extremen, besonders auffälligen Beispiele ins Auge
fasst, sondern versucht, zu ihrer Wurzel, zu den einfacheren, eine
Erklärung ohne weiteres gestattenden Vorkommnissen zurück-
zukehren. Dies gilt vor allem auch für die in der Paarungszeit
zu beobachtenden Flugkünste vieler Vögel.

Man wird hier wohl zunächst zwei Gruppen von Erscheinungen
auseinanderzuhalten haben, nämlich auf der einen Seite diejenigen Flugkünste, die von gesangbegabten Vögeln, in erster
Linie von den eigentlichen Singvögeln, dann aber auch von den
schnepfen- und regenpfeiferartigen Wasservögeln, im Zusammenhang mit der Ausübung des Gesanges zur Darstellung kommen,
und auf der anderen Seite diejenigen, welche man bei Vögeln
antrifft, bei welchen besondere sexuelle Laute fehlen oder wenigstens keinen höheren Ausbildungsgrad zeigen, z. B. bei Raub-

---

1) Ueber andere Formen der Instrumentalmusik vergl. namentlich
Darwin, Abst. d. M., l. c. S. 423.

2) Vergl. Naumann, Neue Bearbeit., Bd. 6, S. 265.

vögeln und Störchen u. a. Man könnte die Flüge der ersteren Art als Singflüge, die der letzteren als Reigenflüge unterscheiden.

Betrachten wir zuerst die Singflüge und zwar speziell diejenigen der eigentlichen Singvögel.

Eine ganze Anzahl unserer Singvögel nimmt während des Singens keine ruhige Haltung an, sondern bewegt sich, flatternd und durch die Zweige schlüpfend, hin und her. Man wird diese Unmusse auf den allgemeinen Erregungszustand zurückführen müssen, in dem sich der Vogel während der Paarungszeit befindet. Bei den eigentlichen Singflügen genügt aber die Erklärung nicht, da es sich hier um ganz regelmässige Bewegungsformen handelt.

Hier fällt nun, wenn man die Gesammtheit der Fälle überblickt, die Thatsache auf, dass, wenn auch nicht ausschliesslich, so doch ganz vorzugsweise solche Singvögel während des Gesanges in die Luft steigen und hier allerlei besondere Flugbewegungen zeigen, welche auf offenem, baumlosem Land, auf Aeckern, Wiesen, Heiden, Felsplateaus, Moorflächen u. s. w. brüten.

Es wurde bereits zu wiederholten Malen darauf hingewiesen, dass die meisten Singvögel während der Ausübung des Gesangs einen möglichst hohen Standort wählen und schon dadurch zeigen, dass ihr Gesang zunächst für ein anderes Ohr, nicht für das eigene, berechnet ist, dass er thatsächlich das Weibchen anlocken soll und nicht etwa bloss den Ausdruck einer überströmenden Lebensenergie darstellt. Die Drosseln, Finken, Ammern, Braunellen und noch viele andere wählen, wenn irgend möglich, die höchste Spitze eines Baumes oder wenigstens eines Strauches, der Hausrothschwanz (Ruticilla tithys) singt auf einer hohen Dachfirste, jedenfalls auf dem höchsten Punkte im Bezirk seines Aufenthaltes, und der Weidenzeisig (Phyllopneuste rufa) treibt sich wenigstens beim Singen „immer in den hohen Baumkronen, im höchsten Buschholz und ganz oben im lichten Stangenholze herum, wodurch sein Singen hörbarer wird, als wenn er unten im Gebüsch sänge, wo ihn viele andere Vögel überschreien würden; denn die Stärke der Stimme ist nur dem kleinen Körper angemessen" (Naumann). Auch bei der Spechtmeise (Sitta europaea) und bei den Spechten ist, wie erwähnt wurde, ein ganz entsprechendes Verhalten die Regel.

Vergleichen wir mit diesen, vorzugsweise den Wald bewohnenden Vögeln die Bewohner des flachen, baumlosen Landes, so ergibt sich ohne weiteres der Schluss, dass die letzteren zunächst desshalb die Gewohnheit haben, während des Singens in die Luft zu steigen, weil sie, analog den Waldbewohnern, einen möglichst hohen Punkt gewinnen sollen, von welchem aus ihr Gesang weithin wirkt und einen möglichst starken Eindruck auf den Hörenden macht.

Da nun aber der Gesang nicht beliebigen Hörenden, sondern eben nur dem gesuchten oder bereits gefundenen Weibchen gilt, so darf sich das Männchen nicht zu weit von dem Standpunkt des Weibchens, bezw. dem Nistplatz entfernen, und daraus ergeben sich die eigenthümlichen flatternden, rüttelnden und gaukelnden Bewegungen, welche den Singflug so vieler Vögel kennzeichnen. Diese Bewegungen, welche also zunächst den Zweck haben, das Männchen während des Singens über dem Standpunkt des Weibchens festzuhalten, können sich dann in verschiedenen Richtungen weiterbilden: sie können selbst zu einer Art Schaustellung, zum eigentlichen Flugspiel werden, oder sie können in Verbindung treten mit verschiedenen anderen Schaustellungen, z. B. mit Aufblähungen des Körpers, mit eigenthümlichen Flügelhaltungen u. a., und sich so den später zu besprechenden Balzkünsten nähern.

Endlich können auch gewissermassen Excesse des ursprünglichen Instinktes in der Richtung vorkommen, dass sich die Vögel singend und flatternd weit vom Brutplatz entfernen und auf diese Weise vorübergehend dem Weibchen vollständig ausser Seh- und Hörweite kommen. In diesen extremen Fällen wird dann die ursprüngliche Bedeutung des Singfluges vollkommen verwischt, und wir haben es mit Erscheinungen zu thun, welche in mancher Hinsicht den tertiären Gesangsformen analog sind.

Es ist nun zunächst der Beweis zu führen, dass es thatsächlich vorwiegend die Bewohner des offenen, baumlosen Landes sind, bei welchen sich der Singflug in typischer Form vorfindet.

Auf den die Baumgrenze überragenden, mit Haide- und Moorflächen bedeckten Höhen unserer Schwarzwaldberge sind neben einander mehrere Pieper-Arten (Anthus) zu beobachten. Bei einem derselben, beim Wasserpieper (A. aquaticus) ist die ursprüngliche Bedeutung des Singfluges deutlich zu erkennen: er beginnt sein Lied auf dem Boden oder auf einer Steinplatte und steigt, während er seine monotone Weise vorträgt, in schiefer Richtung etwa bis zur Höhe eines Hausstockes auf, um sich sodann, immer noch singend, wieder zum Boden herabzulassen. In einer etwas tieferen Region, von der äussersten Baumgrenze an abwärts, kann man einen anderen Pieper, den Wiesenpieper (A. pratensis), mit einem ähnlichen Gebahren beobachten. Auch dieser Vogel beginnt sein Lied auf der Erde oder auf der Spitze einer niedrigen Fichte und vollendet es, indem er schräg in die Höhe flattert und sich dann auf einen ähnlichen Standpunkt herablässt.

Die nämlichen Gegenden bewohnt auch der Steinschmätzer (Saxicola oenanthe), der in ähnlicher Weise singend in die Höhe steigt und auf einen benachbarten oder denselben Sitz zurückkehrt. In letzterem Fall macht er eine eigenartige Schwenkung und überpurzelt sich dabei häufig mehrmals. Es ist klar, dass derartige Bewegungen zunächst nicht als eine besondere Produktion aufzufassen sind, sondern eben den Zweck haben, den Vogel zu seinem Standpunkt zurückzuführen.

Das bekannteste Beispiel für derartige, den Gesang begleitenden Flugbewegungen ist die Feldlerche (Alauda arvensis). Mit fast zitterndem Flattern steigt das Männchen während des Singens in einer grossen Schneckenlinie in die Höhe, schwingt sich — ein Beispiel für eine Ausartung des ursprünglichen Instinktes — weit von dem Platze, wo es aufstieg, über Städte und Dörfer hinweg und gelangt in einem grossen Bogen wieder zum Nistplatz zurück. Auch die Haubenlerche (Galerita cristata) steigt ausserordentlich hoch in die Luft empor, sie hält sich jedoch nicht, wie die Feldlerche, durch zitternde Flügelbewegungen in der Schwebe, sondern, indem sie „gleichsam hin- und herschwankt, schwebt und auf eine eigene Art mit unregelmässigen Flügelschlägen bald steigt oder fällt, sich bald da- bald dorthin wirft und immer noch höher zu steigen sucht" (Naumann), ein gaukelndes Spiel, welches wir in ähnlicher Form bei den Wasservögeln wiederfinden werden.

Aehnliche Flugbewegungen weisen auf: unter den Ammern die in flachen, baumlosen oder baumarmen Gegenden lebende Grauammer (Emberiza miliaria) und die hochnordische, in kahlen Bergebenen und weiten Thälern nistende Lerchen-Spornammer (Plectrophanes lapponica) und unter den Rohrsängern der Uferschilfsänger (Acrocephalus phragmitis), welcher, im Gegensatz zu den meisten seiner Verwandten, in der Fortpflanzungszeit nicht in Schilfwaldungen, sondern in offenen, mit Seggen (Carex) und Binsen (Scirpus) bestandenen Sümpfen lebt.

Es ist wahr, dass auch unter den Waldbewohnern Formen vorkommen, welche beim Singen entsprechende Gewohnheiten haben. Allein bei einigen derselben, so beim Baumpieper (Anthus arboreus) und bei der Heidelerche (Lullula arborea), lässt sich mit einiger Wahrscheinlichkeit sagen, dass dieselben früher in der nämlichen Weise, wie die grosse Mehrzahl ihrer näheren Verwandten, Bewohner des offenen Landes waren, bei anderen, wie beim Kiefern- und Fichtenkreuzschnabel (Loxia pityopsittacus und curvirostra), mag die gleichmässige, dichte Beschaffenheit der Nadelholzwaldungen in Betracht zu ziehen sein. Aber auch, wenn derartige Erklärungen nicht stichhaltig sein sollten, so würde die Gesammtheit der oben angeführten Fälle doch genügen, um den Satz zu begründen, dass vorzugsweise die Bewohner der offenen, baumlosen Gegenden Gesang und Flug miteinander verbinden. Man wird die Beweiskraft der herangezogenen Beispiele für eine noch stärkere halten, wenn man bedenkt, dass die Mehrzahl unserer besten Sänger, die Drosseln (Turdus), Erdsänger (Luscinia, Cyanecula, Erythacus), Röthlinge (Ruticilla), Wiesenschmätzer (Pratincola), Würger (Lanius), Laubvögel (Phyllopneuste), Rohrsänger (Acrocephalus), die Mehrzahl der Grasmücken (Sylvia), sowie die meisten Finken und Ammern von derartigen Flugkünsten nichts zeigen.

Noch mehr in die Augen springend wird das beschriebene Verhältniss dadurch, dass fast alle Schnepfen- und Regenpfeiferartigen (Charadriiformes), welche ja sämmtlich Bewohner der offenen Wiesen- und Sumpfflächen sind und denen, nächst den Singvögeln, Kuckucken und Spechten, die am meisten melodiösen Paarungsrufe zukommen, während des Vortrags ihrer flötenden, jodelnden oder trillernden Strophen sich in die Luft erheben. Hier kann man in besonders augenfälliger Weise verfolgen, wie es sich zunächst nur um ein einfaches Emporsteigen vom Standort handelt, dann, bei einer Anzahl von anderen Formen, um allerlei gaukelnde und schwankende Bewegungen, welche den Vogel in der Nähe des Nistplatzes halten sollen, und schliesslich, bei einer dritten Gruppe, um eine Schaustellung dieser Bewegungen, um eine Produktion derselben vor dem Weibchen unter schliesslichem Verzicht auf die Gesangsleistungen.

Das einfachste Verhalten, welches noch am deutlichsten die ursprüngliche Bedeutung dieser Flugkünste erkennen lässt, findet man beim Goldregenpfeifer (Charadrius pluvialis), der während des Vortrags seines trillernden Paarungsrufs sich vom Boden erhebt

und mit stillgehaltenen Flügeln in einem grossen Halb-
kreise über dem Nistplatz durch die Luft schwimmt. Derartige
halbkreisförmige Flugbahnen, die also am ehesten geeignet sind,
den Vogel in der Nähe des ursprünglichen Standpunktes zu halten,
beschreiben auch verschiedene Arten von Wasserläufern (Totanus)
und Uferschnepfen (Limosa). In etwas anderer Weise vermeidet
der schon früher erwähnte, in unseren Binnengewässern als Brut-
vogel heimische Flussuferläufer (Actitis hypoleucos) dadurch eine
zu grosse Entfernung vom Nistplatz, dass er während des Singens
in einer Zickzacklinie dicht über dem Wasserspiegel hin-
streicht.

Eine Anzahl hierher gehöriger Formen bedient sich wieder
anderer Mittel, um den Posten über dem Brutplatz innezuhalten.
So macht der Flussregenpfeifer (Aegialites fluviatilis) „ganz eigene
Schwenkungen, indem er den Körper bald auf die eine, bald auf
die andere Seite wirft" (Naumann), und ebenso hält sich der
Bruchwasserläufer (Totanus glareola) durch besondere Schwenkungen und Wendungen hoch in der Luft.

Alle diese eigenthümlichen Bewegungen, welche auf uns den
Eindruck eines wirklichen „Flugspiels" machen, glaube ich, wie
gesagt, zunächst nur als Mittel zum Zweck betrachten zu sollen,
wenn auch vielleicht zugegeben werden muss, dass diese lebhaften
Bewegungen und die damit verbundene physische Anstrengung
sekundär dazu beitragen werden, die Erregung des singenden
Männchens zu steigern. Nun gibt es aber eine Reihe von Fällen,
in welchen das Männchen ganz augenscheinlich sich dem Weibchen
producirt, in welchen also diese Flugkünste nicht mehr dem ursprünglichen Zwecke dienen, sondern sich als Schaustellung darstellen, durch welche auf den Erregungszustand des Weibchens
eingewirkt werden soll.

Als erste Andeutung einer solchen Modifikation ist vielleicht
eine eigenthümliche Gewohnheit des Teichwasserläufers (Totanus
stagnalis) zu betrachten. Dieser Vogel gleitet, während er den
Paarungsruf hören lässt, ohne Flügelschlag schwebend eine horizontale Strecke durch die Luft hin und lässt sich dann sanft auf
den Boden herab, wobei er, „schon stehend, die Flügel lang aus-
gestreckt noch einige Sekunden senkrecht in die Höhe hält, ihre
untere blendend weisse Fläche zeigend" (Naumann).

Das bekannteste Beispiel für eine derartige Schaustellung
bietet aber das Verhalten der gemeinen oder mittleren Bekassine
(Gallinago media) dar. Dass die Gewohnheiten dieses Vogels

nichts weiter sind als eine besondere Modifikation des ursprünglichen Instinktes, dass sie also gewissermassen einer excessiven
Weiterbildung desselben über die anfängliche Bedeutung hinaus
ihre Entstehung verdanken, das wird deutlich durch das Verhalten
der nächstverwandten Art, der kleinen Bekassine (Gallinago gallinula), erwiesen. Diese letztere besitzt einen allerdings sehr einfachen Paarungsruf, der wie das Hämmern des als „Todtenuhr"
bekannten kleinen Holzkäfers (Anobium pertinax) klingt (tettet-
tettettettett...). Während das Männchen diesen Ruf 4—6
Sekunden lang in einem Athem fort ertönen lässt, streicht es
„wunderlich flatternd" (Naumann) in geringer Höhe über
den Sumpf hin. Aus solchen mit der Produktion des Paarungsrufes oder Frühlingsgesanges verbundenen Flugkünsten, welche
ein Gemeingut fast aller Schnepfen- und Regenpfeiferartigen sind
und deren ursprüngliche Bedeutung klar zu Tage tritt, lassen sich
nun die eigenthümlichen Spiele der gemeinen Bekassine in der
Weise ableiten, dass bei derselben die Flugkünste selbst zur
Schaustellung geworden sind und an Stelle des verloren ge-
gangenen Paarungsrufes eine von der Species selber erworbene
und ausgebildete „Instrumentalmusik" getreten ist.

Die Frage, auf welche Weise das „Meckern" der Bekassine
zu Stande kommt, ist Jahrzehnte hindurch von den deutschen
Ornithologen und Jägern diskutirt worden. Nachdem der ältere
Naumann (1804) zuerst die Ansicht aufgestellt hatte, dass das
Meckern durch eine vibrirende Bewegung der Spitzen der grossen
Schwungfedern hervorgerufen werde. kam Altum (1855) zu der
Ueberzeugung. dass die Schwanzfedern das tonerzeugende In-
strument seien, eine Lehre, die durch Mewes (1876) auf experi-
mentellem Wege eine Stütze erhielt und auch von Darwin[1])
und anderen Biologen angenommen wurde.

Neuerdings hat einer unserer erfahrensten Ornithologen,
Rohweder[2), in sehr einleuchtender Weise die Ansicht ver-
treten, dass sich bei der Erzeugung des Meckerns sowohl die
Schwingen als die Schwanzfedern betheiligen. Nach der Darstellung Rohweder's nimmt das Flugspiel der Bekassine folgenden Verlauf:

Das Männchen beschreibt über dem Brutplatz mit gleich-

---

1) Vergl. Abst. d. M., S. 425.
2) J. Rohweder, Ueber das Meckern der Bekassine, Ornitholog.
Monatsschr., 25. Bd., 1900, S. 75—82.

mässigen, hastigen Flügelschlägen in einer Höhe von etwa fünfzig
bis ein paar hundert Metern Kreise mit einem Durchmesser bis
ungefähr einem halben Kilometer. Dieser wagerechte Flug wird
in immer länger werdenden Zwischenräumen von 8— 30 Sekunden
durch schräge, mit der Kreisbahn einen Winkel von 45 ° bildende
Abstürze unterbrochen. Nach diesen Abstürzen, welche eine Tiefe
von 10 — 15 m haben und meist gegen 2 Sekunden dauern,
schwingt sich der Vogel mit verstärkten Flügelschlägen wieder
bis zur vorigen Höhe empor.

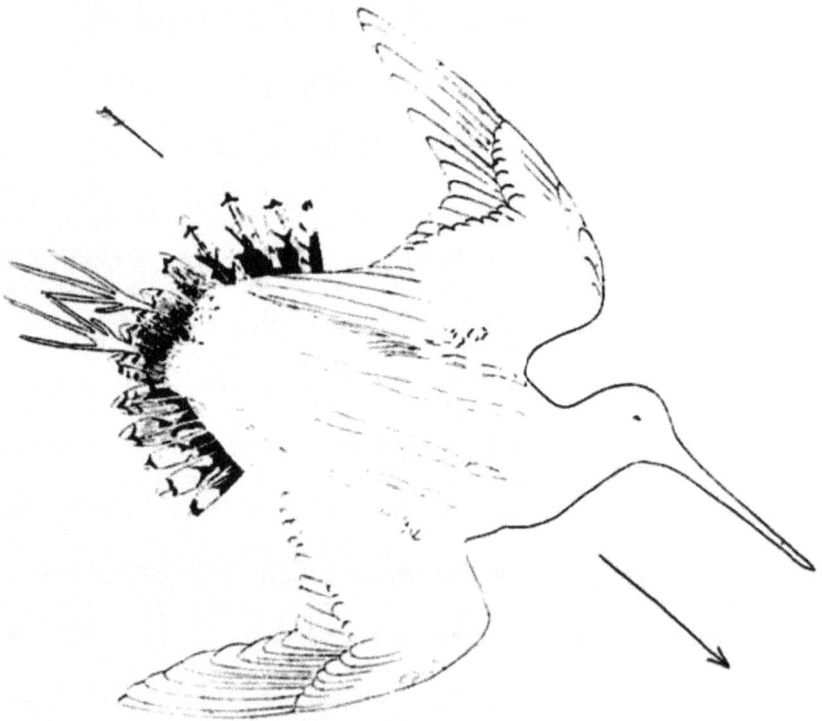

Fig. 13. Bekassine während des Meckerns (nach Rohweder).

Während des Absturzes wirft sich der Vogel stark auf die
Seite, d. h. er dreht seinen Körper um dessen Längsaxe nach
rechts oder links (Fig. 13), die Flügel werden so weit entfaltet, dass
ihr Hinterrand die Form eines Halbkreises annimmt, und der
Schwanz wird fächerförmig ausgebreitet, so dass die beiden
äussersten Steuerfedern fast quer vor dem halbmondförmigen Aus-

schnitt des hinteren Flügelrandes stehen. An Stelle der regelmässigen Flügelschläge treten rasche, zuckende Bewegungen der Flügel. Während des Absturzes ertönt das Meckern,
und zwar nicht als ein gleichmässig fortklingender Ton,
sondern als ein solcher, der durch regelmässige kurze
Intervalle in rascher Folge unterbrochen wird. Wie nun aus
der direkten Beobachtung des lebenden Thieres entnommen und
auf experimentellem Weg nachgewiesen werden kann, wird der
Grundton dadurch erzeugt, dass der während des Absturzes an
dem Vogel vorbeistreichende Luftstrom jederseits auf die seit-
lichen Steuerfedern trifft, wodurch diese in eine
vibrirende Bewegung versetzt werden, wie die Feder
einer angeblasenen Zungenpfeife. Dieser an und für sich gleichmässig surrende Ton wird aber durch die zuckende Bewegung der Flügel zu einem tremulirenden um-
gewandelt.

Es ist klar, dass die Weiterbildung dieses Instinktes von einer
ganz bestimmten Phase des bei den anderen Schnepfen und Regen-
pfeifern üblichen Singfluges aus ihren Anfang nahm, nämlich von
demjenigen Moment an, in welchem der Vogel, nachdem er sich
gaukelnd und flatternd in einer gewissen Höhe über dem Neste
gehalten hatte, wieder zum Nistplatze herabschiesst. Das dabei
erzeugte Geräusch, welches in etwas anderer Form auch bei verwandten Arten vorkommt[1]), wurde zum Meckern fortgebildet,
während der eigentliche Paarungsruf, gewissermassen wegen zu
geringer Wirksamkeit, in Fortfall kam. Wenigstens wird derselbe
nur ganz ausnahmsweise während des Absturzes gehört (Rohweder).

Es ist eine interessante und mit den Verhältnissen bei anderen
Wasservögeln und namentlich bei den Singvögeln vergleichbare
Thatsache, dass die Bekassine während der eigentlichen Paarungszeit am lebhaftesten, dagegen während des Brütens nicht mehr
so häufig und anhaltend meckert, und dass äusserst selten ein
einzelner Vogel sein Spiel auch im Herbst versucht.

Im Gegensatz zu den bisher besprochenen Singflügen
zeigen die Reigenflüge der Raubvögel keinen deutlichen Zusammenhang mit der Aeusserung der sexuellen Laute, ja, bei

---

1) Der amerikanische Scolopax Wilsonii bringt, während er sich schnell
zur Erde herabstürzt, ein Geräusch hervor, wie wenn eine Gerte schnell
durch die Luft gezogen wird. Vergl. Darwin, Abst. d. M., S. 425.

einer Reihe von Formen wird während dieser Hochzeitsreigen überhaupt keine Stimme vernommen. Es ist bekannt, dass die meisten grösseren Raubvögel sich im Frühjahr paarweise über dem gewählten Brutplatze in schönen Kreisen zu ausserordentlichen Höhen hinaufschrauben und dabei in verschiedener Weise mit einander spielen. Derartige Flugkünste betreiben bei einigen Arten, so beim Steinadler (Aquila chrysaetus) und beim schwarzbraunen Milan (Milvus ater), die Männchen auch noch über dem im Neste sitzenden Weibchen.

Bei diesen Reigenflügen der Raubvögel wird man wohl die Hauptwirkung in der Steigerung des zur Begattung nöthigen Erregungszustandes sehen dürfen. Zu beachten ist jedenfalls, dass, wie allgemein von den Beobachtern angegeben wird, die grossen Raubvögel in mehrjähriger Ehe leben, dass also bei diesen Spielen die Wahl eines Männchens durch das Weibchen nur in beschränktem Masse in Betracht kommen kann.

Vielleicht ist indess die letzte Wurzel dieser Reigenflüge doch in ähnlichen Instinkten zu suchen, wie wir sie bei den Sing- und Wasservögeln vorfinden. Wenigstens kommen bei einzelnen zu den Weihen (Circus) gehörigen Formen Flugspiele vor, welche mit den bei den Regenpfeifer- und Schnepfenartigen zu beobachtenden bis in kleine Einzelheiten hinein verglichen werden können. So berichtet Naumann von der Rohrweihe (Circus rufus), dass das Männchen, während das Weibchen brütet, demselben bei schönem Wetter durch allerlei Gaukeleien die Langeweile zu vertreiben sucht. „Es schwingt sich zu dem Ende oft zu einer ausserordentlichen Höhe in die Luft, lässt allerlei traurig-angenehme Töne hören, stürzt sich plötzlich mit beständigen Schwenkungen aus der Höhe herab, schwingt sich wieder herauf, und wiederholt dies oft stundenlang."

Wie viel Sekundäres bei allen diesen Instinkten mit im Spiele sein mag, darüber lässt sich im Einzelnen wenig Sicheres sagen. Dass aber thatsächlich im weiteren Umfang auch primäre, auf nähere Verwandtschaft zurückzuführende Homologien eine grosse Rolle spielen, dürfte aus den bisher besprochenen Erscheinungen deutlich hervorgehen. Vielleicht gehört hierher auch die Thatsache, dass bei den Störchen, die von der modernen Systematik in nächste Nähe der Tagraubvögel gestellt werden, sich ganz ähnliche, paarweise und lautlos ausgeführte Hochzeitsreigen vorfinden, wie bei den letzteren.

Entwicklung der Balzkünste bei den Singvögeln.

Es wurde oben zu zeigen versucht, wie gewisse rein reflektorische, auf den allgemeinen Erregungszustand zurückzuführende Bewegungen, z. B. das Flattern und Umherschlüpfen während des Singens, bei gewissen Vögeln — nämlich vorwiegend bei den Bewohnern des flachen, baumlosen Landes — in den Dienst des Singens gestellt und zu regelmässigen Flugbewegungen fortgebildet wurden, um dann schliesslich den Charakter von eigentlichen Schaustellungen zu erhalten.

Eine ganz ähnliche Entwicklung lässt sich bei gewissen anderen Reflexbewegungen und Instinkten verfolgen, die als Balzkünste zusammengefasst werden können.

Unter „Balzen" im engeren Sinne versteht man zunächst die eigenthümlichen, von sonderbaren Geberden und Bewegungen begleiteten Töne, welche die männlichen Waldhühner, speziell der Auerhahn (Tetrao urogallus), im Frühjahr vor der Begattung vernehmen lassen.

Der balzende Auerhahn sitzt auf einem bestimmten Lieblingsbaum, den er immer wieder aufsucht, er streckt, während er die gleich zu beschreibenden Töne von sich gibt, den ausgedehnten Hals etwas vor, sträubt Kehlbart und Kopffedern, hebt den fächerartig ausgebreiteten Schwanz in die Höhe, lässt die vom Körper abgehaltenen Flügel etwas hängen, trippelt mit den Füssen, sträubt beim Haupttheil das Gefieder, verdreht die Augen und dreht sich dabei auch wohl auf dem Ast herum. Er beginnt mit schnalzenden und klappenden Lauten, die sich immer rascher folgen, bis ein einzelner, starker, sehr ausgezeichneter Schlag, der sogenannte Hauptschlag, erfolgt. An diesen schliesst sich dann das einige Sekunden dauernde Schleifen oder Wetzen an, der für den Vogel anstrengendste und aufregendste Theil des Balzens, während dessen er völlig taub ist.

„Der Auerhahn will durch das Balzen den nicht fern von seinem Stande im Gestrüpp und Grase sich verbergenden, mit Sehnsucht ihn erwartenden Hennen seine Gefühle zu erkennen geben und ihnen seinen Zuspruch ankündigen, nicht aber sie damit ganz eigentlich anlocken; denn es ist, nach sicheren Beobachtungen, ein seltener Fall, dass sie auf diesen Ruf geradezu herbeikämen. Er muss sie vielmehr aufsuchen und begibt sich nach beendigtem Balzen, weil er ihren Aufenthaltsort schon zu kennen scheint, wirklich auch sogleich zu ihnen auf die Erde, balzt da noch ein Mal und betritt eine nach der anderen. Sie sind gewöhnlich zu dreien oder vieren beisammen und laden ihn nicht selten durch ein sanftes Back, back ein" (Naumann).

Durch das Balzen werden — da in Folge der Polygamie stets überzählige Hähne vorhanden sind — öfters auch Nebenbuhler angelockt, mit welchen hartnäckige Kämpfe ausgefochten werden.

Nach dem Vorgang von Naumann kann man nun ganz allgemein unter „Balzen" alle diejenigen bei Vögeln vorkommenden Bewerbungsformen verstehen, bei welchen der Paarungsruf oder Gesang von verschiedenartigen reflektorischen Geberden und Bewegungen begleitet sind. Zu diesen Reflexen, welche unter Beibehaltung, Modifizirung oder Verlust ihrer primären Bedeutungen, sekundär zum Ausdruck der verschiedenartigsten psychischen Emotionen und dann speziell der sexuellen Erregung geworden sind, gehören: das Sträuben der Kopffedern, das Aufblähen des Gefieders, das Hängenlassen der Flügel, das Ausbreiten des Schwanzfächers und das trippelnde Tanzen, lauter Merkmale einer hochgradigen Nervosität, die sich sämmtlich beim Balzen des Auerhahns vereinigt finden.

Auch bei verschiedenen Singvögeln finden sich die ersten Anfänge von Balzkünsten, und es scheint, als ob sich die geschlechtliche Auslese bald der einen, bald der anderen der oben aufgeführten reflektorischen Bewegungen bemächtigt hätte, um aus dem hier vorgefundenen Material spezielle Schaustellungen zu gestalten.

Das Sträuben der Kopffedern, bezw. das Aufrichten einer Haube oder Holle, ist bei einer ganzen Anzahl von Singvögeln als der Ausdruck eines beliebigen Erregungszustandes zu beobachten. Gerade bei einigen unserer häufigsten Arten lässt sich dieses Verhalten leicht beobachten. Der Buchfink (Fringilla coelebs), die Goldammer (Emberiza citrinella) und die Mönchgrasmücke (Sylvia atricapilla) sträuben alle im Affekte ihre Kopffedern etwas in die Höhe, so dass sie eine mehr oder weniger deutliche Holle bilden. Die Heidelerche (Lullula arborea) hebt, wenn sie in langen Absätzen am Boden fortläuft, schon beim jedesmaligen Stillstand die Holle.

Eine Reihe von anderen Vögeln, so namentlich mehrere Laubvögel (Phyllopneuste) und Rohrsänger (Acrocephalus), sträuben vorwiegend während des Gesanges ihre Holle. Auch die Haubenmeise (Lophophanes cristatus) richtet während des Gesanges abwechselnd ihren schwarzweissen Federbusch in die Höhe und zieht ihn wieder zusammen.

Schon hier beginnt das Aufsträuben der Kopffedern entschieden den Charakter einer Schaustellung zu tragen. In besonders ausgeprägter Weise ist dies aber da der Fall, wo die Scheitelfedern eine besondere Schmuckfärbung besitzen. So sträuben die Männchen unserer beiden Goldhähnchen-Arten, des gelbköpfigen und feuerköpfigen (Regulus cristatus und ignicapillus), gerade im aufgeregtesten, der Begattung vorangehenden Zustand, wenn sie singend und zwitschernd um das Weibchen herumhüpfen und herumflattern, ihre orangefarbene Federkrone. Auch der Schwarzspecht (Dryocopus martius) sträubt während des Trommelns die Kopffedern auf, und „die schnelle zitternde Bewegung des Kopfes, oben mit dem brennenden Roth, gibt im Sonnenschein ein leuchtendes Farbenbild" (Naumann).

Wir dürfen also wohl sagen, dass das Sträuben der Kopffedern alle Zwischenstufen zeigt zwischen einem einfachen Reflex, hervorgerufen durch einen beliebigen Erregungszustand, und einer eigentlichen Werbungserscheinung.

Auch das Aufblähen des Gesammtgefieders, ein Reflex, welcher ursprünglich wohl Ventilations- und Reinigungszwecken diente und sich dann vielfach zu einer Schutzmassregel gegen Kälte ausgestaltet hat, ist bei einer Anzahl von Singvögeln sekundär zum Ausdruck der geschlechtlichen Erregung und zu einer Begleiterscheinung des Singens geworden und hat schliesslich, wie beim Truthahn, den Charakter einer wirklichen Schaustellung angenommen. Sehr häufig haben wir es bei den Singvögeln mit einer Art „Balzflug" zu thun, indem das Singen und Aufblähen des Gefieders mit eigenthümlichen flatternden und schwebenden Bewegungen verbunden wird. So schliesst nicht selten der bereits erwähnte Uferschilfsänger (Acrocephalus phragmitis) seinen Singflug damit ab, dass er sich schnell aus der Luft auf seinen Lieblingssitz herabstürzt, „immer dabei aus voller Kehle singend und sich so aufblähend, dass er dadurch ein ganz eigenes, grosses, fremdartiges Ansehen bekommt" (Naumann). Auch das Blaumeisen-Männchen (Parus coeruleus) beschliesst seine unter beständigem Zwitschern und Pfeifen vor sich gehenden Bewerbungsspiele damit, dass es von einer Baumkrone zur anderen mit ausgebreiteten Flügeln hinüberschwebt und „dabei das ganze Gefieder so aufbläht, dass es viel grösser und dicker aussieht und dadurch ganz unkenntlich wird" (Naumann). Einen

ähnlichen Balzflug zeigt der Zeisig (Fringilla spinus), nur dass er
dabei die Flügel nicht ausgebreitet hält, sondern dieselben so
stark schwingt, dass sie oben zusammenklappen, und auch die
Männchen der grauen und gelben Bachstelze (Motacilla sulphurea
und flava) werben flatternd, mit aufgeblähtem Gefieder und den
Paarungsruf trillernd um die Gunst des Weibchens.

Zwei andere, schon in ihrer primären Bedeutung als Flugbewegungen eng miteinander zusammenhängende Reflexe, nämlich
das leichte Oeffnen und Hängenlassen der Flügel
und die Ausbreitung des Schwanzfächers, werden von
einer Reihe von Vögeln auch während des Gesanges, als Ausdruck der sexuellen Erregung, ausgeführt. So lassen verschiedene
Laubsänger (Phyllopneuste) und Rohrsänger (Acrocephalus) beim
Singen die Flügel nachlässig hängen, während das auf einem
hohen Zweige sehr aufrecht sitzende Gimpelmännchen (Pyrrhula
rubricilla) „den Hinterleib bald auf diese, bald auf jene Seite
wendet, mit den Flügeln zuckt und dabei den Schwanz oft aus-
einanderfaltet und ihn ebenso schnell wieder schliesst" (Naumann). Bei der eigentlichen Werbung, während das Männchen
vor dem Weibchen steht, macht dasselbe ähnliche Bewegungen
mit dem Schwanze und bläht ausserdem seine Brust auf, „so dass
viel mehr von den carmoisinfarbenen Federn auf einmal zu sehen
ist" (Darwin).

Unmittelbar vor der Begattung, in nächster Nähe des Weibchens, spielen nun jene beiden Hauptbewegungen, das Oeffnen
der Flügel und die Entfaltung des Schwanzfächers, insofern noch
eine besondere Rolle, als durch dieselben gewisse, im Ruhezustand
des Vogels verdeckte Farbenfelder zur Darstellung kommen
können, so namentlich die vielfach auffallende Sonderfärbung
des Unterrückens und Bürzels — grün beim Buchfink
(Fr. coelebs), aschgrau beim Haussperling (Passer domesticus),
weiss beim Gimpel (Pyrrhula rubricilla), rostroth bei der Goldammer (Emberiza citrinella) u. s. w. —, sowie die Spiegel und
Bänder der Flügel und die bei vielen Finken, Ammern, Bachstelzen und Meisen verbreiteten weissen Keilflecke der
äusseren Schwanzfedern [1]. Es ist mir nicht bekannt, ob bei allen
hier genannten Vögeln eine derartige Schaustellung der Farben-

---

[1] Um hier nochmals auf den Auerhahn zurückzukommen, so liegt die
Annahme nahe, dass auch bei diesem Vogel die reinweissen, bei
ruhenden Flügeln grossentheils verborgenen Achselflecke beim Balzen
zur Geltung kommen oder früher gekommen sind.

felder in den der Begattung vorangehenden Momenten beobachtet
werden kann, jedenfalls ist aber beim Haussperling und Buchfink
die Darstellung des im Frühjahr sehr lebhaft gefärbten Bürzel-
feldes eine häufig wahrzunehmende Erscheinung, und dasselbe gilt
für mehrere Finken- und Bachstelzenarten bezüglich der Entfaltung der Flügel und des Schwanzfächers[1]. So berichtet auch
Darwin[2] vom Bluthänfling (Fringilla linota), dass er bei seinen
Annäherungsversuchen seine rosige Brust ausdehnt und seine
braunen Flügel und den Schwanz leicht erhebt, „so dass er durch
Darstellung ihrer weissen Ränder sie offenbar noch am besten
verwerthet". Wenn Darwin hinzufügt, dass allerdings auch
solche Vögel die Flügel entfalten, bei denen sie nicht schön ge-
färbt sind, so ist dies nach dem Obigen leicht zu verstehen. Jedenfalls würde es aber von Interesse sein, bei unseren einheimischen
Formen die etwa vorhandenen genaueren Korrelationen zwischen
der Ausbreitung der Flügel- und Schwanzzeichnung und dem
Benehmen bei der Bewerbung kennen zu lernen.

Es wären noch die trippelnden und tanzenden Bewegungen zu besprechen. Es wird wohl kaum eine Singvogel-
art geben, bei welcher sich nicht das Männchen bei den einzelnen
Bewerbungsakten unruhig vor dem Weibchen hin und her bewegt.
Wo indessen hier die Grenze zu ziehen ist zwischen rein reflektorischen, auf den allgemeinen Erregungszustand zurückzuführenden
Geberden und zwischen angezüchteten Schaustellungen, das zu
entscheiden, mag im einzelnen Fall schwer oder unmöglich sein.
Von Interesse sind aber diese aufgeregten Bewegungen desshalb,
weil sie zweifellos die Grundlage bilden für die „Tanzkünste",
welche von anderen Vögeln bei der Bewerbung aufgeführt werden.

Fasst man den Begriff des „Balzens" in dem allgemeineren
Naumann'schen Sinne, so können wir also sagen: die Balzkünste
finden sich, wenigstens in ihren ersten Anfängen, auch bei den
Singvögeln, sie stellen hier in der Regel nur Verbindungen des
Gesangs mit allerlei reflektorischen Bewegungen dar, nehmen in-
dessen vielfach einen neuen Charakter insofern an, als mit diesen
Bewegungen und Geberden eine Schaustellung gewisser Schmuck-
farben und Federzierden verknüpft ist.

---

[1] Vergl. die Abbildung des „white-banded mocking bird" bei W. H.
Hudson, The Naturalist in La Plata, 3. ed., Lond. 1895, Titelblatt und
S. 277.

[2] Abst. d. Mensch., S. 450.

Dagegen sind wenigstens bei den echten Singvögeln (Passeres, Oscines) diejenigen Formen der Bewerbungskünste, bei denen die stimmlichen Leistungen zurücktreten und dafür die aufgeregten Bewegungen und die Schmuck- und Farbenentfaltung im Vordergrund stehen, in der Regel nicht zu beobachten, wenn sich auch Andeutungen eines solchen Verhältnisses da und dort vorfinden. Es kann hier z. B. an den Gimpel (Pyrrhula rubricilla) erinnert werden. Die gesanglichen Leistungen desselben sind, wenigstens im freien Zustand, gegenüber denjenigen anderer Finken recht stümperhafte. Dagegen sucht er, wie bereits erwähnt wurde, bei der Werbung seinen Farbenschmuck unter allerlei auffälligen Bewegungen zur Geltung zu bringen.

Die einzige wirkliche Ausnahme bilden die Paradiesvögel (Paradiseidae): bei den von einer Anzahl von Männchen gemeinschaftlich ausgeführten „Tänzen" spielt offenbar ihre nur wenig modulirbare Stimme keine besondere Rolle, dagegen findet ein lebhaftes Umherfliegen, ein fortwährendes Erheben der Flügel und Auf- und Abschwingen der wallenden Schmuckfedern statt, so dass der ganze Baum, auf dem sich die Thiere befinden, wie von schwingenden Federn erfüllt erscheint (Wallace)[1].

Mehr als bei den echten Singvögeln treten die mit einer Schaustellung des Federschmuckes verbundenen Geberden und Bewegungen bei den Schreivögeln (Passeres Clamatores) hervor und können sich dann, wie dies bei dem orangefarbenen, mit purpurrothem Scheitelkamme versehenen Klippenvogel (Rupicola crocea) der Fall ist, zu eigentlichen, scheinbar nach bestimmten Regeln verlaufenden „Tänzen" weiter entwickeln.

Zusammenfassendes über die Bewerbungskünste der Singvögel.

Ein Rückblick auf die Bewerbungskünste der Singvögel zeigt, dass bei denselben die Stimme als Mittel zur Anlockung und geschlechtlichen Erregung unter allen anderen diesen Zwecken dienenden Mitteln die erste Stelle einnimmt.

Dies kommt unter anderem auch in dem bekannten, schon von Darwin[2] betonten reciproken Verhältniss zwischen Gesang und

---

1) Vergl. Darwin, Abst. d. Menschen, S. 434, 445.
2) Abst. d. Mensch., S. 419, 450.

Farbenpracht zum Ausdruck. Danach tritt bei den edleren Sängern sehr häufig der bunte Farbenschmuck vollkommen zurück. wie denn z. B. bekannt ist, dass drei unserer besten Sänger, die Nachtigall, Singdrossel und Lerche, ein einfaches bezw. der Umgebung angepasstes Gefieder besitzen und dass auch die Grasmücken (Sylvia), Laubvögel (Phyllopneuste) und Rohrsänger (Acrocephalus) weniger auffällige Farben tragen. Vom Standpunkt der Zweckmässigkeit aus betrachtet handelt es sich dabei offenbar weniger darum, dass die Vögel während des Singens besser geschützt sein sollen — denn in den meisten Fällen nehmen sie ja gerade dann eine besonders exponirte Stellung ein —, sondern darum, dass die Verluste, welche die Art eben in Folge des auffälligen Gesangs erleidet, ausserhalb der Gesangszeit durch einen grösseren Schutz ausgeglichen werden.

Mit der Hervorbringung der sexuellen Laute stehen nun bei vielen Singvögeln verschiedene andere Erscheinungen in Verbindung, welche — wie in letzter Linie auch die Stimme selbst — zunächst als der reflexartige Ausdruck beliebiger Affekte, speziell aber der sexuellen Erregung erscheinen.

So hat sich die unruhige Bewegung, in welcher sich zahlreiche Vögel während des Singens befinden, bei einzelnen Formen zu einem regelmässigen „Singflug" weitergebildet. Die Bedeutung dieses Singfluges liegt wohl zunächst darin, dass durch die Erhebung über die Umgebung die Wirkung des Gesanges als eines Anlockungs- und Erregungsmittels für das Weibchen eine nachhaltigere wird, während gleichzeitig auch die mit dem Aufsteigen verbundene physische Anstrengung die Erregung des singenden Männchens selber erhöht. In zweiter Linie kann dann auch die Flugbewegung selber den Charakter einer Produktion oder Schaustellung für das Weibchen annehmen.

Auch verschiedene andere reflektorische, den Gesang begleitende und den allgemeinen Erregungszustand kundgebende Geberden und Bewegungen, so vor allem das Aufsträuben der Kopffedern, das Hängenlassen der Flügel, die Entfaltung des Schwanzfächers, können den Charakter einer Schaustellung erhalten, namentlich dann, wenn durch dieselben eine Hervorhebung von Schmuckfarben bewirkt wird. Zusammen mit dem Gesang bilden diese Reflexbewegungen das „Balzen".

Eine weitergehende Entwicklung der Balzkünste ist bei den Singvögeln allerdings in der Regel nicht zu beobachten. Nur bei den Paradiesvögeln ebenso wie bei zahlreichen Schreivögeln tritt

das Mittel der Stimme mehr oder weniger zurück gegenüber der
Entfaltung des Federschmuckes und anderer Zierrathen und der
diese Entfaltung begünstigenden Bewegungen und Geberden.
Und auf der anderen Seite können ebenso, wie dies beim Singflug
für die Flugmanieren gilt, bei dieser Darstellung der Farben und
des übrigen Schmuckes die Bewegungen so in den Vordergrund rücken, dass sie als regelmässige „Tänze" gleichfalls den
Charakter einer Produktion bekommen. Einen solchen extremen
Fall repräsentirt der Klippenvogel (Rupicola).

Während nun bei denjenigen Singvögeln, bei welchen der
Gesang die erste Rolle unter den Bewerbungserscheinungen spielt,
der Dimorphismus der Geschlechter sich hauptsächlich auf die
Ausbildung der Stimme, dagegen nur zum Theil auf die Färbung
und Zeichnung erstreckt — man denke wieder an die Nachtigallen, Singdrosseln und Lerchen —, macht sich bei einem Theil
der balzenden und tanzenden Formen ein Dimorphismus der Farben
und des Schmuckes bemerkbar, wie man ihn sonst wohl nur bei
den Hühnervögeln antrifft. Dort wie hier, sowohl bei den Edel-
sängern wie bei den auf dem anderen Flügel stehenden Paradies-
und Schreivögeln, fällt der Dimorphismus der Geschlechter mit
einer Arbeitstheilung in dem Sinne zusammen, dass hauptsächlich
dem Männchen die Rolle des Lockens und Erregens zukommt,
während beim Weibchen eine Art coquettirender Sprödigkeit auf-
tritt, also ein neuer Instinkt, der indirekt gleichfalls zur Steigerung
des Erregungszustandes beiträgt.

Weitere Formen der Bewerbungskünste.

(Balzen des Birkhahns und Spiele der Kampfläufer.)

Von den im Obigen noch einmal zusammengestellten Gesichtspunkten aus finden auch die in anderen Vögel-Ordnungen vorkommenden Formen der Bewerbung eine einfache Erklärung.
Es soll dies zum Schluss an zwei besonders berühmten, der einheimischen Vogelwelt entnommenen Beispielen, am Balzen des
Birkhahns und an den Spielen der Kampfläufer, gezeigt werden.

Wie wir sahen, steht das „Balzen" des Auerhahns (Tetrao
urogallus) hinsichtlich der Verknüpfung der stimmlichen Leistungen
mit den reflektorischen Bewegungen und der Schaustellung des
Federnschmuckes ungefähr auf der nämlichen Stufe, wie die Bewerbungskünste einer Anzahl von einheimischen Singvögeln. Auch

die Kämpfe mit Nebenbuhlern, durch welche das Balzen gelegentlich unterbrochen wird, sind ja bei den Singvögeln nichts Aussergewöhnliches. Denn nicht nur die bei den grossen Waldhühnern herrschende Polygamie bedingt einen Ueberschuss von unbeweibten Männchen und damit harte Kämpfe um den Besitz der Weibchen, sondern ein solcher Ueberschuss kann — und dies scheint bei manchen Singvögeln der Fall zu sein — von vornherein auf Grund eines ungleichen numerischen Verhältnisses der beiden Geschlechter gegeben sein. Wenigstens glaube ich beim Gimpel (Pyrrhula rubricilla), bei welchem eine Beobachtung dieser Dinge wegen der ungleichen Färbung der beiden Geschlechter sehr leicht ist, für unsere Gegenden ein entschiedenes Ueberwiegen der Zahl der Männchen feststellen zu können [1]).

Gehen wir nun vom Auerhahn zum Birkhahn (Tetrao tetrix) über.

Auch der einzelne Birkhahn hat, wie der Auerhahn, gewöhnlich seinen bestimmten Balzplatz, eine freie, baumlose Stelle auf einer Waldblösse oder am Waldrand, wo er in der Morgendämmerung seinen aus zischenden und gurgelnden Tönen zusammengesetzten Balzgesang anstimmt. Dabei macht er, wie der Auerhahn, „die wunderlichsten Posituren in schnellster Abwechslung, wirft anfangs den wie einen Fächer ausgebreiteten Schwanz senkrecht in die Höhe, sträubt die Kopf- und Halsfedern, hält die Flügel vom Körper ab, aber so, dass sie auf dem Boden hinstreichen, rennt in die Kreuz und Quer herum, wie ein Besessener, springt und tanzt gleichsam in Sätzen, selbst im Kreise herum und zuweilen gar rücklings, schlägt dabei mit den Flügeln, streckt den Hals bald lang in die Höhe, bald drückt er ihn so nieder, dass die gesträubten Kehlfedern auf dem Boden hinschleifen und sich dadurch auch sehr abreiben, und macht überhaupt der sonderbarsten Gaukeleien so viele, dass man ihn beim Balzen für wahnsinnig und toll halten möchte" (Naumann).

Wie gesagt, hat jeder Hahn seinen bestimmten Balzplatz, der gewöhnlich während der ganzen Balzzeit von diesem behauptet, aber auch von anderen Hähnen aus der Nachbarschaft besucht wird. Diese Besucher haben die Absicht, den Inhaber des Platzes zu vertreiben und sein Weibchen an sich zu ziehen. Thatsächlich finden auch, wenn die Hähne zusammentreffen, Kämpfe statt, welche bald nur einzelne Federn zu kosten, bald einen blutigen

---

[1]) Vergl. auch Darwin, Abst. d. Mensch., S. 459.

Verlauf zu nehmen scheinen [1]). In solchen Ländern, wo viel Birk-
wild vorkommt, verändert sich das Schauspiel: hier kommen
immer mehrere Hähne auf einem Balzplatz zusammen, um mit
einander zu kämpfen, aber auch — und hierin liegt eine An-
näherung an die bei anderen Vogel-Arten vorkommenden gemeinsamen Tanzkünste —, um nebeneinander zu balzen und
zu tanzen. Kampf und Tanz lassen sich dann nicht
von einander trennen. „Nach dem Zeugniss vieler Personen,
welche so glücklich waren, zu gleicher Zeit mehrere Birkhähne
auf einmal auf einem solchen Platze sich herumtummeln zu sehen,
gibt es in der Vogelwelt wohl nichts Aehnliches, womit man ihr
tolles Durcheinanderrennen, ihre Gauklersprünge und ihr wüthiges.
Poltern vergleichen könnte. Das der männlichen Streitschnepfen
(Kampfläufer, Machetes pugnax) auf ihren Kampfplätzen gibt nur
ein schwaches, unvollkommenes Bild davon" (Naumann).

Stellen wir das Balzen des Birkhahns dem des Auerhahns
gegenüber, so fällt uns zunächst auf, dass bei ersterem offenbar
die stimmlichen Aeusserungen in den Hintergrund treten — der
Vogel sitzt auch nicht mehr in der Höhe, sondern auf dem Boden!
— und dass dafür die reflektorischen, den Balzgesang begleitenden
Bewegungen an die erste Stelle rücken und durchaus den Charakter einer Schaustellung, eines eigentlichen „Tanzes" erhalten,
ebenso wie z. B. beim Gimpel die wunderlichen Bewegungen des
Körpers und die Darstellung des bunten Gefieders im Begriff zu
sein scheinen, den stümperhaften Gesang gänzlich aus seiner Rolle
zu verdrängen.

Als ein zweiter, bedeutsamer Unterschied zwischen Birkhahn
und Auerhahn tritt die Thatsache hervor, dass die Kämpfe, welche
bei letzterem gelegentlich das Balzen unterbrechen, beim Birkhahn
geradezu zu einer Hauptsache werden. Ihr ursprünglicher Zweck,
die Vertreibung des Nebenbuhlers, wird mehr und mehr verwischt.
Der Kampf selbst wird zu einem Schauspiel, zu einem die
eigene Erregung und die des Weibchens steigern-
den Akt, dem die gleiche Bedeutung zukommt wie dem Gesang,
den Flugkünsten und den das „Balzen" des Auerhahns zusammen-
setzenden Reflexbewegungen.

Hier würde also eine Abänderung des Instinktes vorliegen,
welche in noch ausgeprägterer Weise bei den Kämpfen zweier

---

[1] Vergl. die entgegengesetzten Angaben bei Naumann und Darwin
(Abst. d. Mensch., S. 410).

nordamerikanischer Waldhühner, Tetrao umbellus und cupido, zu beobachten ist. Bezüglich des ersteren berichtet wenigstens ein von Darwin[1]) citirter Beobachter, dass die Kämpfe der Männchen „nur Scheingefechte sind, ausgeführt, um sich die grösstmöglichen Vortheile vor den um sie herum versammelten und sie bewundernden Weibchen zu zeigen. Denn ich bin niemals im Stande gewesen, einen verstümmelten Helden zu finden, und selten habe ich mehr als eine geknickte Feder gefunden".

Von den Balzspielen des Birkhahns und der erwähnten nordamerikanischen Waldhühner ist eigentlich nur ein Schritt zu den Bewerbungskünsten des Kampfläufers (Machetes pugnax). Die Männchen dieser gleichfalls polygam lebenden Art versammeln sich im Frühjahr täglich an bestimmten Stellen, welche in der Nähe der künftigen Nistplätze liegen und kämpfen hier in ähnlicher Weise wie die Hähne der bekannten Kampfhuhn-Rasse, sie greifen einander mit den Schnäbeln an und schlagen sich mit den Flügeln.

Für die Beurtheilung dieser Kämpfe sind einige von Naumann mitgetheilte Einzelheiten von Interesse. Naumann sagt:

„Der Zweck der rasenden Kämpfe ist eigentlich ein Räthsel. Man sagt, sie kämpfen um den Besitz des Weibchens; davon sieht aber auch der sorgfältigste Beobachter nichts. — Gewöhnlich erscheinen nur die Männchen und immer wieder dieselben auf dem Kampfplatz, sehr selten mischt sich da auch einmal ein Weibchen unter sie, das dann mit ähnlichen Posituren, wie kämpfend, zwischen ihnen herumläuft. — Ein solches wird dann wohl immer von einem Männchen begleitet, wenn es den Kampfplatz verlässt; aber dies fällt so sehr selten vor, dass wir dies Betragen durchaus nur für eine Ausnahme von der Regel halten müssen. — Ferner sagt man, der Sieger suche sich nach dem Kampfe ein Weibchen auf. Dies thun aber wohl alle, ohne Ausnahme, Sieger und Besiegte; denn bei den einsam auf den Weideplätzen und an den Ufern herumgehenden Weibchen sieht man immer auch Männchen, sogar nicht selten mehr als eines, ganz friedlich beisammen, bei einem Weibchen, diesen von Zeit zu Zeit Gesellschaft leisten, sie dann und wann wieder allein lassen und den Kampfplatz besuchen; zudem gibt es hier eigentlich keinen Sieger, weil niemals einer unterliegt oder die Flucht ergreift,

---

1) Darwin, Abst. d. Mensch., S. 414.

sondern alle gleichmässig kämpfen, so lange, bis einer von den zwei Duellanten überdrüssig ist, dann nicht weiter als bis auf sein Standplätzchen zurücktritt, worauf ihm der andere noch einige drohende Geberden nachsendet und ebenfalls sich auf sein Plätzchen stellt. — So wie auf dem Kampfplatz demnach keiner eigentlich besiegt wird, so wird auch ausserhalb desselben kein Männchen, das sich einem Weibchen vertraulich genähert hat, von einem anderen in diesem Besitz gestört oder davon vertrieben; sie zeigen also nicht einmal Eifersucht."

Es geht aus diesen Einzelheiten zunächst jedenfalls hervor, dass man es hier nicht mehr mit wirklichen Kämpfen zu thun hat, welche den Zweck haben, den Nebenbuhler aus dem Feld zu schlagen, sondern mit Scheinkämpfen. Auf der anderen Seite werden wir aber auch nicht von einer Aberration des Instinktes, von einem bloss zur Unterhaltung betriebenen „Spiel" reden dürfen.

Wie uns vielmehr der Vergleich mit dem Birkhahn deutlich lehrt, handelt es sich um eine Weiterbildung des Balzinstinktes, bei welcher die Einzel-Produktion vor dem Weibchen und der allen anderen Bewerbungskünsten innewohnende Zweck, das Weibchen zu locken und zu erregen, mehr und mehr zurücktritt gegenüber der Bedeutung, den eigenen Erregungszustand des Männchens zu steigern und während der ganzen Paarungszeit auf der Höhe zu halten.

Und zwar ist es speziell eine ursprünglich mehr nebensächliche Seite des Balzinstinktes gewesen, welche die Grundlage für die Scheinkämpfe der Kampfläufer bildete, nämlich der instinktmässige Drang, den dazwischen tretenden Nebenbuhler anzugreifen und zu bekämpfen. Alle anderen Seiten des Balzinstinktes, vor allem die stimmliche Produktion und die Schaustellung des Gefieders sind zurückgetreten.

Thatsächlich ist die Stimme des Kampfläufers im Vergleich mit anderen Strand- und Wasserläufern sehr schwach, einen pfeifenden Ton hört man niemals von ihm, ja vom Männchen am Tage gar keinen; es scheint dann ganz stumm zu sein. Bloss des Nachts und auch nur in der Zugzeit schreit dasselbe öfters, aber in einem ganz heiseren Tone (Naumann).

Was ferner das Gefieder anbelangt, so weist gerade eine Eigenthümlichkeit dieses letzteren darauf hin, dass die Bewerbungskünste des Kampfläufers ursprünglich mit einer Schaustellung von Federn- und Farbenschmuck verbunden waren. Bekanntlich zeigt das Hochzeitskleid des männlichen Kampfläufers und zwar speziell der grosse Federkragen eine solche Mannigfaltigkeit der Färbung, wie wir sie bei keinem anderen freilebenden Vogel finden. Dies geht so weit, dass thatsächlich kein Individuum dem anderen vollkommen gleicht. Nun ist es aber eine bekannte Erscheinung, dass Merkmale, welche ihre ursprüngliche Bedeutung zu verlieren im Begriffe sind oder verloren haben, eine besonders starke Variation zeigen, und man könnte daher vielleicht umgekehrt den Schluss ziehen, dass der Federkragen des Kampfläufers ursprünglich eine andere Bedeutung, nämlich die eines Schmuckes gehabt habe, ebenso wie z. B. der Halskragen des männlichen Goldfasans und Amherst-Fasans, und dass er also erst sekundär zu einem schützenden Schilde, zu einem Vertheidigungsorgane geworden ist [1]). Dies würde aber der oben vertretenen Auffassung von der Entstehung der Scheinkämpfe als Stütze dienen können.

Alles in Allem würde man sich also zu denken haben, dass der männliche Kampfläufer ursprünglich bei seiner Bewerbung gewisse, vielleicht von stimmlichen Produktionen begleitete Schaustellungen seines Gefieders, also eine Art Balzkunst vorgeführt habe. Wahrscheinlich gleichzeitig mit dem Auftreten der Polygamie wurden diese Vorführungen immer öfter durch Nebenbuhler gestört, es entwickelten sich immer mehr die Kampfinstinkte und schliesslich kam es, da diese Kämpfe den hauptsächlichen Zweck der übrigen Bewerbungskünste erfüllten, zu theilweiser oder gänzlicher Verdrängung der letzteren und zur Vorführung von eigentlichen Scheinkämpfen.

In ähnlicher Weise mögen die gemeinsamen Tänze anderer Wasservögel zu erklären sein, so die von Hudson [2]) beschriebenen und abgebildeten Schaustellungen der Ypecaha-Rallen, der Jassanas (Parra Jaçana) und der südamerikanischen sporenflügligen Kiebitze. Dass diesen gemeinsamen Tänzen, ebenso wie den Scheinkämpfen der Kampfläufer ursprünglich wirkliche Kampfinstinkte zu Grunde gelegen haben, darauf weist, wenigstens bei den beiden letztgenannten Arten, die Bewaffnung mit Flügelsporen hin.

Auch die Tänze des Kranichs (Grus cinerea), welche besonders häufig im Frühjahr von mehreren Männchen und Weibchen ge-

---

1) Von etwas anderen Voraussetzungen aus kam auch Darwin (Abst. d. Mensch., S. 407) zu dem Schlusse, dass der Federkragen wegen seiner verschiedenartigen reichen Färbungen wahrscheinlich hauptsächlich zur Zierde diene.

2) The Naturalist of La Plata, S. 266 ff.

meinsam ausgeführt werden, haben vielleicht in den das Balzen begleitenden Kämpfen ihre Wurzel. Wenigstens schreien die Kraniche
dazu, „als wenn sie sich zankten" (Naumann).

Zusammenfassung und Schluss.

Entwicklung und Bedeutung der Bewerbungskünste.

I. Entwicklung der Bewerbungsinstinkte. Die
Beziehungen des Gesanges zu den übrigen Bewerbungskünsten gehen aus folgender Zusammenstellung hervor:

(Lockruf als Arterkennungs-   (Färbung und Zeichnung
mittel)   als Arterkennungsmittel)

I. Reigenflug   II. Paarungsruf und   III. Schaustellung von
(Tagraubvögel,   Gesang   Farben und Schmuck
Störche)   (Spechte, Kuckucke,   (Schreivögel, Hühnervögel)
Singvögel, Schnepfen und
Regenpfeifer)

Singflug   Balzkünste,
(Singvögel, Schnepfen und   theilweise mit Kämpfen
Regenpfeifer)   verbunden
(Singvögel, Waldhühner)

Meckern
(Bekassine)
Scheinkämpfe   Tänze
(Waldhühner, Kampfläufer)   (Rallen, Kraniche, Jassanas,
Sporenkiebitze u. a.)

Zur Erläuterung dieser Zusammenstellung sei kurz daran erinnert, dass der Reigenflug (I) insofern eine Sonderstellung
einnimmt, als für denselben genetische Beziehungen zu den anderen
Instinkten nicht mit Sicherheit nachgewiesen werden können, dass
ferner durch Verbindung des Gesanges (II) mit allerlei Flugbewegungen der Singflug und durch Aggregirung des ersteren
mit der Schaustellung von Farben und Schmuck (III)
die Balzkünste entstanden sind. Aus dem Singflug, sowie aus
den Balzkünsten sind endlich wohl die verschiedenen komplizirteren
Instinkte, so das Meckern, die Scheinkämpfe und die
Tänze, hervorgegangen, soweit letztere nicht direkt mit den
verschiedenen Schaustellungen zusammenhängen.

II. Zweck der Bewerbungsinstinkte. Die verschiedenen, hier in ihrem vermuthlichen Zusammenhang angegebenen Instinkte dienen nun im Wesentlichen denselben Zwecken, ebenso wie z. B. innerhalb anderer Thiergruppen — man erinnere sich an die anuren Amphibien — die verschiedenartigsten Instinkte dem Zwecke der Brutpflege dienen können [1].

Der Zweck aller jener Instinkte ist primär die gegenseitige Anlockung der Geschlechter, sekundär die Steigerung und Erhaltung des Erregungszustandes bis zur Ueberwindung der weiblichen Sprödigkeit und damit zur vollständigen Vereinigung der Geschlechter. Bei den Bewerbungserscheinungen unserer einheimischen Singvögel greifen meistentheils die beiden Bedeutungen aufs engste ineinander über, so dass man im ersten Frühjahr, solange die ehelichen Verbände noch lockere sind und ein scheinbar bereits gepaartes Weibchen noch von mehreren Männchen umworben wird, keine strenge Unterscheidung machen kann.

Mit Rücksicht auf die engen Beziehungen der aufgezählten Instinkthandlungen zur Paarung kann man dieselben als Bewerbungsinstinkte zusammenfassen, wenn auch vielfach die Ausübung des Instinktes die eigentlichen Bewerbungsvorgänge überdauert. In diesem Fall ist die Instinktbethätigung theils als reines Spiel zu betrachten, theils mag sie der Uebung oder auch wohl dazu dienen, den Erregungszustand für den Fall einer Störung der normalen Brutthätigkeit wachzuhalten (tertiäre Bedeutung der Instinkte).

III. Entwicklung des Dimorphismus. In ihren Anfangsstufen sind die Bewerbungsinstinkte und sonstigen mit der Bewerbung zusammenhängenden Charaktere noch mehr oder weniger gleichmässig auf beide Geschlechter vertheilt (Reigenflüge der Raubvogelpärchen, Paarungsruf der Spechte; Farben als Anlockungsmittel), je höher entwickelt jedoch jene Instinkte sind, um so mehr tritt ein sexueller Dimorphismus, eine Arbeitstheilung in der Weise hervor, dass das Weibchen zum spröden, zurückhaltenden und bis zu einem gewissen Grade wählenden, das Männchen zum suchenden, lockenden und also werbenden Theile wird. Im Gesang der Singvögel und in den Balzkünsten

---

1) Vergl. die jüngst erschienene Zusammenstellung von R. Wiedersheim, Cure parentali nei vertebrati inferiori, Riv. di Sci. Biol., Vol. I, Como 1899, und: Brutpflege bei niederen Wirbeltieren, Biol. Centralbl., 20. Bd., 1900.

der Hühner hat dieser Gegensatz seinen stärksten Ausdruck gefunden.

IV. Bedeutung des Dimorphismus für die Arterhaltung. Fassen wir zunächst die Stimme ins Auge, so hängt der Dimorphismus in seinen niederen Stufen mit der primären Bedeutung der Stimme überhaupt zusammen: dieselbe soll der wechselseitigen Anlockung und Erkennung der Geschlechter dienen, also müssen Stimmapparat und Stimme in beiden Geschlechtern verschieden sein.

Bei der fortschreitenden Divergenz des Stimmapparats und der sexuellen Laute spielt mehr und mehr die sekundäre Bedeutung der Stimme, ihr Zweck, die Erregung zu steigern und zu erhalten, herein: während nämlich beim weiblichen Geschlecht ein neuer Instinkt, die Sprödigkeit, sich geltend macht, müssen die Erregungsmittel des Männchens verstärkt werden, damit die weibliche Sprödigkeit überwunden werden kann.

Alles in Allem ist der Dimorphismus des Stimmapparats und der Stimme auf eine allmählige Divergenz aus einem monomorphen Zustande heraus, bezw. auf ein Zurückbleiben des Weibchens auf einer niedrigeren Entwicklungsstufe, nicht aber auf einseitige Erwerbung im männlichen Geschlecht und reciproke Uebertragung auf das weibliche zurückzuführen.

Dasselbe, wie für die Stimme, gilt für Farben, welche aus Arterkennungsmerkmalen zu Geschlechtserkennungsmitteln und schliesslich zu vorwiegend männlichen Charakteren wurden, und ebenso für die Instinkte, welche dazu dienen, die Farben zur Geltung zu bringen.

V. Wirkung der natürlichen und geschlechtlichen Auslese. Entsprechend den verschiedenen Entwicklungsstufen der Bewerbungskünste hat man sich eine verschiedene Wirkung der Auslese zu denken. So lange es sich bei der Stimme und bei den Farben um Art- und Geschlechtserkennungsmerkmale handelt, wirkt wohl bei ihrer Weiterbildung die reine natürliche Auslese. Je mehr aber, im zweiten Stadium der Entwickelung, die Divergenz der Geschlechter und die Arbeitstheilung hervortritt, um so mehr hat man sich eine Wirkung der geschlechtlichen Auslese in dem von Groos präcisirten Sinne vorzustellen, nämlich in der Weise, dass sich die Weibchen unbewusst von den am stärksten erregenden Männchen anlocken und festhalten lassen.

VI. Bedeutung der gesteigerten sexuellen Erregung. Wir kommen nunmehr zu der Schlussfrage, deren

Lösung nach dem Obigen für das ganze Problem der Bewerbungs-
erscheinungen von Wichtigkeit ist: welche Bedeutung für die
Erhaltung der Art hat das Hinzutreten der weiblichen Sprödig-
keit und die Steigerung der Erregungsmittel des männlichen
Geschlechtes? Welche Bedeutung hat der zuerst wohl von
H. E. Ziegler und Groos ausdrücklich als „Nothwendig-
keit" bezeichnete hohe Erregungszustand für die Bewerbung und
Begattung?

Die Lösung dieser Frage wird deshalb keine einfache sein,
weil es sich hier zweifellos, wie bei so vielen biologischen Erscheinungen, um das Neben- und Hintereinanderwirken einer ganzen
Reihe von treibenden und bestimmenden Faktoren handelt. Ich
will hier zum Schluss die Richtungen namhaft machen, in denen
nach meiner Meinung eine Steigerung des Erregungszustandes
für die Erhaltung der Art von Wichtigkeit sein könnte:

1) Bei Thieren mit innerer Begattung bedingt vielfach die
Auslösung eines ausserordentlich komplicirten, auf dem Zusammen-
wirken der verschiedensten Reflexe beruhenden Mechanismus[1]
einen hohen Erregungszustand der beiden Geschlechter. Bei den
Vögeln, bei welchen ja in den meisten Fällen eine Art äusserlicher Begattung mit folgender innerer Befruchtung vorliegt,
dürfte jedoch diese Veranlassung zu einer Steigerung des Erregungszustandes nicht oder, wenn wir das bei den meisten
Vögeln vorliegende Verhältniss als Folge eines Rückbildungs-
processes ansehen, nicht mehr vorliegen.

2) Es könnte die Steigerung des geschlechtlichen Erregungszustandes von Einfluss auf die Qualität der Geschlechts-
producte sein. Schon Burdach[2] sagt: „Indem das Männchen
sich bei seinen Bemühungen erhitzt, wird seine Lebendig-
keit für die Zeugung gesteigert", und spricht auf der
anderen Seite davon, dass eine gewisse körperliche und geistige
Aufregung die Fruchtbarkeit des Weibchens zu unter-
stützen scheint.

Wenn auch die Beobachtung im Allgemeinen zu Gunsten
dieser Burdach'schen Auffassung zu sprechen scheint, so fehlen

---

1) Vergl. R. Leuckart, Artikel: Zeugung, in Wagner's Handwörter-
buch der Physiologie, Bd. 4, Braunschweig 1853, S. 914 u. 917, und V.
Hensen, Physiologie der Zeugung, in Hermann's Handbuch der Physiologie, Bd. 6, 2. Th., Leipzig 1881, S. 111.

2) K. F. Burdach, Die Physiologie als Erfahrungswissenschaft, Bd. 1,
Leipzig 1826, S. 370 und 414.

in dieser Richtung noch sichere Anhaltspunkte. Vielleicht könnten solche durch das Experiment geschaffen werden.

3) Der Erregungszustand der Männchen führt zu Kämpfen mit Nebenbuhlern. „Durch diese Kämpfe wird aber der Schwache von der Zeugung abgehalten und eine kräftigere Fortpflanzung vermittelt" (Burdach)[1], d. h. also, im Sinne Darwin's, eine Stärkung der Art verursacht.

4) Ein vierter Vortheil der Vorerregung und des dimorphen Verhältnisses dürfte endlich, wie ich glaube, in der Vermeidung der Inzucht liegen.

Auch im Thierreich sind, wie im Pflanzenreich, zahlreiche Einrichtungen bekannt geworden, welche auf eine Vermeidung der Inzucht hinwirken, so die Proterandrie und Protogynie bei hermaphroditischen Formen, die Hochzeitsflüge bei den koloniebildenden Hymenopteren[2], die Proterandrie bei den einsamen Bienen.

Auf der anderen Seite zeigen die Erfahrungen im Geflügelhof und in der Kanarienhecke, dass gerade auch bei den Vögeln die künstliche Inzucht schädliche Folgen haben kann. Durch Inzucht gewonnene junge Kanarienvögel lernen z. B. nicht selbständig fressen (Hensen)[3]. Vielleicht ist auch das häufige Auftreten des Albinismus bei den zu Städte und Dörfer bewohnenden Standvögeln gewordenen Haussperlingen und Amseln als eine Folge der Inzucht aufzufassen.

So möchte ich denn glauben, dass das Treiben und Verfolgen der Weibchen, die Kämpfe der Männchen, die Fernwirkung der Stimme und die mit der Stimmäusserung verbundenen Instinkte eine grössere und regelmässigere Mischung der Artgenossen in der Fortpflanzungszeit bewirken, als dies bei einfacher verlaufenden Paarungserscheinungen der Fall sein würde. Es muss dabei beachtet werden, dass gerade bei den Vögeln das enge Zusammenleben der mit einander aufwachsenden, nur in geringer Zahl vorhandenen Geschwister und der während eines grossen Theiles des Jahres fortdauernde Zusammenschluss in Familienverbänden an und für sich die Inzucht ausserordentlich begünstigt.

Man könnte einwenden, dass ja bei den Wandervögeln eine Mischung der Artgenossen schon auf der Reise und durch dieselbe vor sich gehe.

---

1) Burdach, l. c. S. 372.
2) Vergl. Hensen, l. c. S. 182.
3) Hensen, l. c. S. 175.

Aber abgesehen davon, dass das Wandern offenbar vielfach in Familienverbänden vor sich geht und dass wenigstens in vielen Fällen die Vögel an ihren Geburtsort zurückzukommen scheinen — zwei Umstände, welche einer Mischung der Artgenossen b e i m W a n d e r n entgegenwirken —, könnte jene Wirkung des Wanderns selbstverständlich nur für einen kleinen Theil der ohnedies spärlicheren Vogelwelt der gemässigten Zone, nämlich für die regelmässigen Zugvögel, in Betracht kommen: etwa 1300 paläarktischen und antarktischen Arten stehen nach S c l a t e r 5000 äthiopische, orientalische und neotropische und 1000 australische, also theilweise gleichfalls tropische Arten gegenüber und unter ungefähr 165 regelmässigen Brutvögeln des mitteleuropäischen Binnenlandes befinden sich nur etwa 80 regelmässige Zugvögel. Es kommt noch hinzu, dass der Wandertrieb keineswegs ein k o n - s t a n t e r spezifischer oder genereller Charakter ist, vielmehr verhalten sich die einzelnen Arten und Individuen j e n a c h d e r O e r t l i c h k e i t sehr verschieden, so zwar, dass der Instinkt bei den allmählich vor sich gehenden geographischen Verschiebungen der Arten sehr rasch, ja innerhalb weniger Jahrzehnte verwischt oder verstärkt werden kann.

Ich glaube demnach, dass, wenn auch bei einzelnen w a n d e r n - d e n Arten die erwähnte, in einer V e r m e i d u n g d e r I n z u c h t bestehende Wirkung der gesteigerten sexuellen Erregung und damit des Dimorphismus überhaupt weniger hervortreten mag, diese Wirkung doch für d i e V o g e l w e l t i m G a n z e n eine sehr wichtige, ja unter den oben aufgezählten Momenten weitaus die wichtigste Bedeutung hat.

Reflexe, Instinkte, Spiele.

Es lohnt sich vielleicht, zum Schluss noch einmal den ganzen Entwicklungsgang der Bewerbungsinstinkte der Vögel vom rein thierpsychologischen (psychogenetischen) Standpunkt aus zu überblicken. Wir gelangen dabei etwa zu folgendem, unsere heutigen Anschauungen vom Wesen und der Entwicklung der Instinkte illustrirendem Gesammtbild:

I. Als Wurzel der meisten Bewerbungsinstinkte haben wir in letzter Linie einfache R e f l e x e und zwar Kontraktionen gewisser

Muskelgruppen anzusehen, welche, unter Beibehaltung, Modifizirung oder Verlust ihrer primären Funktionen, sekundär auf verschiedenartige psychische Emotionen (Verlangen, Schreck u. a.) antworten.

Solche Muskelgruppen sind z. B. gewisse Abkömmlinge der Sternohyoideus als Verkürzer der Luftröhre (primitiver Stimmapparat der Seevögel u. a.), die M. pubi- und ilio-coccygei als Ausbreiter des Schwanzfächers (Steuerapparat), glatte Hautmuskeln als Arrectores pennarum, speziell als Sträuber der Kopfholle (Ventilationsapparat).

II. Diese Reflexe bilden sich allmählich zu Bewerbungsinstinkten, also zu komplicirteren Bewegungserscheinungen von bestimmter biologischer Bedeutung (Arterkennung, Geschlechtserkennung, Steigerung der Erregung) um,

1) indem die auslösende psychische Emotion eine speziellere, nämlich die sexuelle Erregung, wird;

2) indem die Organe und Organtheile, in deren Dienst jene Muskeln stehen, weitere Differenzirungen zuerst monomorpher, dann dimorpher Natur eingehen und sich so zu sekundären Geschlechtscharakteren umbilden (komplicirter Syrinx der Singvögel, Farbenflecke, Schmuckfedern u. a.).

Ihrer Entstehung nach sind also die meisten Bewerbungsinstinkte solche, welche Hand in Hand mit der Differenzirung spezieller morphologischer Merkmale zur Ausbildung und Weiterentwicklung kommen. Wir können sie daher vielleicht als Begleit- oder Organ-Instinkte den reinen Instinkten gegenüberstellen, welchen bei ihrer Bethätigung nur die gewöhnlichen (generellen) Organe des Körpers zur Verfügung stehen (z. B. Wandertrieb, Herdentrieb, Nestbauinstinkt).

Eine spezielle Eigenthümlichkeit der Bewerbungsinstinkte gegenüber den übrigen Begleitinstinkten (z. B. vielen Ernährungsinstinkten) besteht darin, dass sich gleichzeitig mit den ersteren, hauptsächlich im weiblichen Geschlecht, gewisse koordinirte Instinkte entwickeln, welche, unter allmählicher Ausbildung des Farben- und akustischen Sinnes (Rudimente der Spezialsinne für Rhythmus, für Melodik oder für Klangfülle), vom einfachen Instinkt, dem Lockruf zu folgen, weiterführen zur instinktmässigen Sprödigkeit, zum Coquettiren des Weibchens.

III. Bei der ferneren Entwicklung spielt nun namentlich die Aggregirung und gegenseitige Substituirung der verschiedenartigen Reflexe und Instinkte eine wichtige Rolle.

Beim Singflug (siehe Tabelle S. 86) z. B. aggregirt sich zuerst der Singinstinkt, zwecks Verstärkung der Wirkung der Stimme, mit allerlei flatternden oder gaukelnden Bewegungen, um dann vielleicht seinerseits von diesen letzteren, zu Flugspielen umgewandelten Instinkthandlungen oder von einer sekundär erworbenen „Instrumentalmusik" (Meckern der Bekassine) vollkommen in den Hintergrund gerückt, substituirt zu werden.

Auch beim Balzen findet eine Aggregirung der Lautäusserungen mit verschiedenartigen Bewegungen statt, welche, indem sie aus einfachen Reflexen in der oben angezeigten Weise zu eigentlichen Schaustellungen (Darstellung von Farben, Feldern und Schmuckfedern, rhythmische Bewegungen) werden, mehr und mehr die lautlichen Aeusserungen verdrängen können. Solche Schaustellungen können dann ihrerseits wieder durch tertiär hinzugetretene Kämpfe und schliesslich durch Scheinkämpfe in den Hintergrund gedrängt werden (Balzkämpfe der Birkhähne, Scheinkämpfe der Kampfläufer).

IV. Aber auch auf rein psychischem Gebiete kann die Weiterentwicklung der Instinkte vor sich gehen. Indem nämlich die Rudimente höherer psychischer Regungen hinzutreten und die ursprünglich rein instinktmässigen Handlungen, auch in Ermanglung ihres eigentlichen realen Zweckes, als Ausdruck des gesteigerten Lebensgefühls oder auch aus Vergnügen an der Thätigkeit selber ausgeübt werden, bilden sich die Instinkte zu Spielen um (Herbstgesang der Singvögel, Gesang gefangener Vögel, Reigenflüge).

Nicht nur bezüglich des Wegfalls des ursprünglichen realen Zweckes, sondern auch hinsichtlich ihrer Wirkung und Bedeutung mögen sich dann vielleicht die spielend ausgeübten Bewerbungsinstinkte den menschlichen Spielen, speziell denjenigen der Erwachsenen, nähern. Ich möchte es wenigstens für annehmbar halten, dass auch bei den Vögeln, deren geistige Eigenschaften ja eine so ausserordentlich vielseitige Entwicklungsfähigkeit zeigen, eine Rückwirkung der sinnlich angenehmen Thätigkeit auf die Psyche und damit indirekt auf das physische Wohlbefinden des Individuums vorliegt, eine Rückwirkung, welche bedeutend genug ist, um in der Reihe der arterhaltenden Faktoren eine gewisse Rolle zu spielen.

Verzeichniss der öfter citirten biologischen Werke.

Ch. Darwin's gesammelte Werke. Uebers. von J. V. Carus, autoris. deutsche Ausgabe, 2. Aufl., Stuttg. 1899. Bd. 2: Ueber die Entstehung der Arten. Bd. 5 und 6: Die Abstammung des Menschen.

K. Groos, Die Spiele der Thiere, Jena 1896.

W. H. Hudson, The Naturalist in La Plata, third edition, London 1895.

J. F. Naumann, Naturgeschichte der Vögel Deutschlands, Bd. ‚1—10, 1822 ff.

Naumann, Naturgeschichte der Vögel Mitteleuropas. Neu bearbeitet von C. R. Hennicke, Gera-Untermhaus.

A. R. Wallace, Der Darwinismus. Uebers. von D. Brauns, Braunschw. 1891.

Sach- und Namenregister.

A.

Abendpfauenauge (Smerinthus ocellata). Anlockung der Männchen 49.

Accipitres s. Tagraubvögel.

Acredula s. Schwanzmeise.

Acrocephalus palustris s. Sumpfrohrsänger. A. phragmitis s. Uferschilfsänger.

Actitis hypoleucos s. Flussuferläufer.

Akromyoder Syrinx 11.

Akustischer Sinn 48.

Alauda arvensis s. Feldlerche.

Albinismus. Auftreten 90.

Alcedo ispida s. Eisvogel.

Alken (Alcae). Stimme 57.

Altum. Meckern der Bekassine 69.

Amphibien. Brutpflege 87.

Amsel (Turdus merula). Syrinx 5. Struktur der Labien 20. Veränderung des Gesanges 21. Sexueller Dimorphismus 23, 24. Angstruf 33. Stimmelemente 38. Signalruf 41. Schlag 44. Herbstgesang 52.

Anabolismus 55.

Angstrufe 36.

Anlockung des Weibchens 47. Gegenseitige Anlockung der Geschlechter 51, 57.

Anobium s. Todtenuhr.

Ansa hypoglossi 14.

Ansatzrohr 17.

Anthus s. Pieper. A. aquaticus s. Wasserpieper. A. pratensis s. Wiesenpieper. A. arboreus s. Baumpieper.

Aquila chrysaetus s. Steinadler.

Arbeitstheilung 58.

Ardea cinerea s. Fischreiher. A. stellaris s. Rohrdommel.

Arrectores pennarum 92.

Arteria syringea 15.

Arterkennungsmerkmale 36, 56.

Associationen, erworbene 21, 22.

Auerhahn (Tetrao urogallus). Balzen 73. Achselflecke 76.

Auslese, natürliche 29, 32. Wirkung bei den Bewerbungsinstinkten 88.

Auslese, sexuelle. Nach Darwin 29, 54. Nach Groos 32, 58. Verhältniss zur natürlichen Auslese 32. Wirkung bei den Bewerbungsinstinkten 88.

B.

Bachstelze, weisse (Motacilla alba). Paarungsruf 34. B., graue (M. sulphurea). Balzen 76. B., gelbe (M. flava). Balzen 76.

Balzen des Auerhahns 73. B. der Singvögel 74, 79. B. des Birkhahns 80.

Balzflug 75.

Baumpieper (Anthus arboreus). Singflug 67.

Begleitinstinkte 92.

Bekassine, kleine (Gallinago gallinula). Singflug 69.

Bekassine, mittlere (Gallinago media). Signalruf 41, Meckern 69.

Bergfink (Fringilla montifringilla). Signalruf 39.
Berglaubvogel(Phyllopneuste Bonellii). Gesang 54.
Bewerbungsinstinkte 87. Entstehung aus Reflexen 92.
Bewerbungskünste 86.
Biogenetisches Gesetz. Beim Amselgesang 21, 44. Beim Grasmückengesang 45.
Birkhahn(Tetrao tetrix). Balzen 80.
Blaufärbung der Vogelfedern 31.
Blaumeise (Parus coeruleus). Balzflug 75.
Bluthänfling (Fringilla linota). Signalruf 39. Werbung 77.
Bonsdorff, E. J. Innervirung des Syrinx 14.
Brachvogel (Numenius arquatus). Signalruf 41.
Braunkehlchen (Pratincola rubetra). Spottvogel 22.
Bronchidesmus 8.
Bruchwasserläufer (Totanus glareola). Singflug 68.
Buchfink (Fringilla coelebs). Verschiedenheit des Gesanges 21. Lockruf 38, 39, 59. Schlag 44, 59. Sommergesang 51. Sträuben der Kopffedern 74. Bürzelfärbung 76.
Burdach. Bedeutung der Erregung 89. Bedeutung der Kämpfe 90.
Buteo vulgaris s. Mäusebussard.

C.

Cartilagines arytaenoideae 7.
Casuarius galeatus s. Kasuar.
Charadriiformes s. Regenpfeiferartige.
Charadrius pluvialis s. Goldregenpfeifer. Ch. squatarola s. Kiebitzregenpfeifer.
Chasmarhynchus s. Glockenvogel.
Ciconia alba s. Storch.
Cinclus aquaticus s. Wasseramsel.
Cinixys homeana (Schildkröte). Trachea-Bifurkation 9.
Circus rufus s. Rohrweihe.
Clamatores. Syrinx der Cl. 9.

Coquettiren der Weibchen 32.
Corvidae s. Rabenartige.
Corvus corone s. Rabenkrähe. C. cornix s. Nebelkrähe.
Cuculus canorus s. Kuckuck.

D.

Dahl, F. Vogelgesang im Urwald 2.
Darwin, Ch. Dimorphismus 54. D. bei Tetraoniden 25. Ueber den Vogelgesang 28, 32, 48. Herbstgesang 52. Meckern der Bekassine 60. Entfaltung der Flügel 77. Reciprocität zwischen Färbung und Gesang 78. Scheinkämpfe 83.
Dichten der Vögel 51.
Dimorphismus, sexueller, des Stimmapparats 23, 27. D. der Stimme 54, 80. Erstes Auftreten 57. Entwicklung 87. Bedeutung 88.
Dissonanz der Töne 17.
Dorndreher (Lanius collurio). Gesang 43.
Drosselartige (Turdidae). Singmuskulatur 19.
Dryocopus martius s. Schwarzspecht.

E.

Eichelheher (Garrulus glandarius). Gesang 43, 57.
Eisvogel(Alcedo ispida). Stimme 37.
Elster (Pica caudata). Syrinxskelett 6. Innervirung des Syrinx 14. Gesang 57.
Emberiza citrinella s. Goldammer. E. miliaria s. Grauammer.
Entenvögel (Lamellirostres) Dimorphismus 27.
Entwicklung des Vogelgesanges 56. E. der Stimmmuskulatur 9.
Erregung durch den Gesang 31, 55, 57. Nothwendigkeit der Erregung 89.
Erythacus rubecula s. Rothkelchen.
Extranuptiale Bedeutung des Vogelgesangs 51, 59.

F.

Färbung. Reciprocität von F. und Gesangsvermögen 78.

Feldlerche (Alauda arvensis). Gesang der Weibchen 26. Singflug 66.

Fichtenkreuzschnabel (Loxia curvirostra). Paarung 52. Singflug 67.

Fischreiher (Ardea cinerea). Signalruf 41.

Fitislaubvogel (Phyllopneuste trochilus). Gesang 48, 53.

Flugvermögen der Vögel 35.

Flusstaucher (Podiceps). Paarungsruf 42.

Flussuferläufer (Actitis hypoleucos). Stimme 37. Singflug 68.

Fringilla coelebs s. Buchfink. F. spinus s. Zeisig. F. linota s. Bluthänfling. F. chloris s. Grünling. F. montifringilla s. Bergfink. F. canaria s. Kanarienvogel.

Frühlingsruf 39.

Fürbringer, M. Singmuskulatur 9, 11.

G.

Gadow, H. Entstehung der Singmuskulatur 14.

Gätke, H. Wandern der Zugvögel 41.

Galerita cristata s. Haubenlerche.

Gallinago media s. mittlere Bekassine. G. gallinula s. kleine Bekassine.

Gallinula chloropus s. Teichhuhn.

Garrulus glandarius s. Eichelheher.

Gartengrasmücke (Sylvia hortensis). Gesang 43.

Gartenlaubvogel (Hypolaïs icterina). Spottvogel 22.

Gartenrothschwanz (Ruticilla phoenicura). Spottvogel 22.

Gecinus canus s. Grauspecht. G. viridis s. Grünspecht.

Geddes. Katabolismus und Anabolismus 55.

Gelenkflächen der Bronchialhalbringe 7.

Geschwätzartiger Gesang 43.

Geselligkeitstrieb 35.

Gimpel (Pyrrhula rubricilla). Syrinx 7. Sprechfähigkeit 22. Sexueller Dimorphismus 24. Gesang der Weibchen 28. Balzen 76, 78, 82. Bürzelfärbung 76. Numerisches Verhältniss der Geschlechter 81.

Glockenvogel (Chasmarhynchus). Stimme 2.

Goldammer (Emberiza citrinella). Lockruf 46, 59. Sommergesang 51. Sträuben der Kopffedern 74. Bürzelfärbung 76.

Goldamsel (Oriolus galbula). Paarungsruf 48.

Goldhähnchen (Regulus). Lockruf 40. Sträuben der Scheitelfedern 75.

Goldregenpfeifer (Charadrius pluvialis). Signalruf 41. Singflug 67.

Grasmücken (Sylvia). Lockruf 42. Gesang 45.

Grauammer (Emberiza miliaria). Singflug 66.

Graupapagei (Psittacus erithacus). Sprechfähigkeit 22.

Grauspecht (Gecinus canus). Paarungsruf 42. Stimme des Weibchens 50. Trommeln 62.

Groos, K. Theorie des Vogelgesangs 31, 48, 55. Sexuelle Auslese 32, 58. Sprödigkeit der Weibchen 32. Nothwendigkeit der Erregung 89.

Grünling (Fringilla chloris). Gesang 19. Lockruf 39.

Grünspecht (Gecinus viridis). Trommeln 62.

Grützner, P. Syrinx der Truthenne 17. Dissonanzen bei Vogelstimmen 17.

Grus cinerea s. Kranich.

H.

Haberlandt, G. Vogelgesang im Urwald 2.

Haidelerche (Lullula arborea). Singflug 67. Sträuben der Kopffedern 74.

Häcker, Gesang der Vögel.

Halbmondfalte 16. Physiologische Bedeutung 16, 19.
Haubenlerche (Galerita cristata). Singflug 66.
Haubenmeise (Lophophanes cristatus). Sträuben der Federholle 74.
Hauptlockton 38.
Haushuhn. Sexueller Dimorphismus 25.
Hausrothschwanz (Ruticilla tithys). Angstruf 34. Standort beim Singen 64.
Haussperling (Passer domesticus). Gesang 43. Bürzelfärbung 76.
Hedymeles ludovicianus s. Rosenbrustkernbeisser.
Helmholtz. Tonempfindung 17.
Hensen. Mechanismus der Begattung 89. Hochzeitsflüge 90. Wirkung der Inzucht 90.
Herbstgesang 52, 59.
Herdentrieb 35.
Höhe des Tons 17.
Hudson, W. H. Theorie des Vogelgesangs 30. Tänze 85.
Hund. Spielstimmung 52.
Hunter. Sexueller Dimorphismus 23.
Hypolaïs icterina s. Gartenlaubvogel.

I.

Icterus s. Troupial.
Innervirung des Syrinx 13.
Instinkt. H. Spencer'scher Begriff 20. Entstehung aus Reflexen 92. Coordinirte Instinkte 92. Aggregirung und Substituirung der I. 92.
Inzucht. Vermeidung der I. 47, 90.
Irene. Sexueller Dimorphismus 31.

J.

Jäger, G. Ueber den Vogelgesang 29. Wirkung auf das Weibchen 29, 48.
Jassana (Parra Jaçana). Tänze 85.

K.

Kampfläufer (Machetes pugnax). Scheinkämpfe 83. Stimme 84. Halskragen 84.

Kanarienvogel (Fringilla canaria) Gesang 34. Gesang der Weibchen 28. Wirkung der Inzucht 90.
Kapaun. Syrinx 25.
Kasuar (Casuarius galeatus). Luftröhre 9.
Katabolismus 55.
Katze. Spielstimmung 52.
Kiebitzregenpfeifer (Charadrius squatarola). Signalruf 41.
Kiefernkreuzschnabel (Loxia pithyopsittacus). Singflug 67.
Klangfülle 43, 48.
Klappern des Storches 33.
Klippenvogel (Rupicola). Tänze 78.
Kohlmeise (Parus major). Gesang 19.
Kormoran. Spielstimmung 52.
Kornweihe (Strigiceps cyaneus) Stimme 33.
Krähe s. Rabenkrähe.
Kranich (Grus cinerea). Tänze 85.
Kuckuck (Cuculus canorus). Stimme des Weibchens 50. Bedeutung der Stimme 58.
Kuckucke (Cuculi). Stimme 58.

L.

Labia 15.
Labyrinth der Entenvögel 27.
Lamellirostres s. Entenvögel.
Lanius s. Würger. L. collurio s. Dorndreher.
Larynx der Vögel 4. L. der Schildkröten 9. L. der Menschen 16.
Latham. Sexueller Dimorphismus 23.
Lebensenergie. Ueberschuss an L. 30, 46.
Lerchen-Spornammer (Plectrophanes lapponica). Singflug 66.
Lernen der jungen Vögel 21.
Leuchtkäfer 49.
Ligamenta annularia 8.
Ligamentum interbronchiale 8.
Ligamentum vocale des Menschen 20.
Lockruf 36.
Lophophanes cristatus s. Haubenmeise.

Lophortyx californicus s. Schopf-
wachtel.
Loxia curvirostra s. Fichtenkreuz-
schnabel. L. pithyopsittacus s. Kie-
fernkreuzschnabel.
Lullula arborea s. Haidelerche.
Luscinia phlomela s. Nachtigall.
L. major s. Sprosser.

M.

Machetes pugnax s. Kampfläufer.
Massenzüge der Wandervögel 41.
Mäusebussard (Buteo vulgaris).
Stimme 33.
Meckern der Bekassine 69.
Meisen (Parus). Lockruf 39.
Meleagris gallopavo s. Truthuhn.
Membrana semilunaris 16.
Membranae tympaniformes. In-
ternae 7, 15. Externae 15.
Merkel. Sexueller Dimorphismus 23.
Mesomyoder Syrinx 11
Mewes. Meckern der Bekassine 69.
Milan, schwarzbrauner (Milvus ater).
Reigenflug 72.
Milvus s. Milan.
Mimus polyglottus s. Spottdrossel.
Mino kreffti. Gesang 3.
Mönchgrasmücke s. Schwarzkopf.
Montagu. Gesang der Vögel 47.
Motacilla s. Bachstelze.
Müller, Joh. Singmuskulatur 9.
Müller, K. u. A. Herdentrieb 35.
Paarung 56.
Musculi pubi- u. iliococcygei
92.
Musculi sternotracheales 11.
Musculi syringei 11, 13.
Musculi tracheales 11.
Musculi syringei ventrilate-
rales bei Drosseln, Raben und
Finken 19. Dies. beim Gimpel 7, 24.
Musculi tracheobronchiales
10, 13. Beim Teichhuhn 26.
Muskelkontraktionen, reflek-
torische 92.
Muskulatur des Syrinx 9. Funk-
tion derselben 17.
Myiobius erythrurus. Singmusku-
latur 10.

N.

Nachahmungstrieb 22, 43.
Nachtigall (Luscinia phlomela).
Verschiedenheit des Gesanges 21.
Schlag 45. Anlockung der Weib-
chen 47.
Naturvölker. Akustischer Sinn 48.
Naumann, J. A. Gesang der Nach-
tigall 22, 45, 47. Gesang des Gim-
pels 23. Stimme der Raubvögel 33.
Stimme der Amsel 38. Gesang des
Schwarzkopfes 45. Paarung des
Kreuzschnabels 53. Trommeln der
Spechte 61. Singflug der Hauben-
lerche 66. Balzen des Auerhahns
74. Balzen des Birkhahns 81. Schein-
kämpfe der Kampfläufer 83.
Nebelkrähe (Corvus cornix). In-
nervirung des Syrinx 14.
Neuntödter s. Dorndreher.
Numenius arquatus s. Brachvogel.
Nuptiale Bedeutung des Vogel-
gesangs 48, 58.

O.

Organinstinkte 92.
Oriolus galbula s. Goldamsel.
Oscines 11.

P.

Paarung 47.
Paarungsruf 39.
Paradiesvögel (Paradiseidae).
Tänze 78.
Parra s. Jassana.
Parus s. Meisen. P. coeruleus s.
Blaumeise. P. major s. Kohlmeise.
Passer domesticus s. Haussperling.
Pauke der Entenvögel 27.
Paukenhäute, innere 7, 15; äussere
15.
Pernis apivorus s. Wespenbussard.
Phyllopneuste rufa s. Weidenlaub-
vogel. P. sibilatrix s. Waldlaub-
vogel. P. trochilus s. Fitislaubvogel.
P. Bonellii s. Berglaubvogel.
Pica caudata s. Elster.
Pici s. Spechte.
Pieper (Anthus). Singflug 65.

Pipra leucocilla und auricapilla. Singmuskulatur 11.

Plate, L. Reciproke Merkmale 55.

Plectrophanes nivalis s. Schneespornammer. P. lapponica s. Lerchenspornammer.

Plexus cervicalis 14.

Poecilodryas aethiops. Gesang 3.

Podiceps s. Flusstaucher.

Praenuptiale Bedeutung des Vogelgesangs 48, 58.

Pratincola rubetra s. Braunkelchen.

Pyrrhula rubricilla s. Gimpel.

R.

Rabenartige (Corvidae). Singmuskulatur 12, 13, 19. Sprechfähigkeit 22. Stimme 57.

Rabenkrähe (Corvus corone). Singmuskulatur 12, 13. Innervirung des Syrinx 14. Signalruf 40. Gemeinsame Schlafplätze 40.

Ramus cervicalis 14.

Reciproke Merkmale 54.

Reflexe 91.

Regenpfeifer (Charadriiformes). Singflug 57.

Regulus s. Goldhähnchen.

Reh. Fippen 49.

Reigenflüge 64, 71, 86.

Reinke, F. Struktur des Ligamentum vocale 20.

Rhipidura tricolor. Gesang 3.

Rhythmus. Sinn für Rh. 44, 48, 92.

Rohrdommel (Ardea stellaris). Brüllen 63.

Rohrweihe (Circus rufus). Reigenflug 72.

Rohweder. Meckern der Bekassine 69.

Rosenbrust-Kernbeisser (Hedymeles ludovicianus). Gesang 2.

Rothdrossel (Turdus iliacus). Signalruf 41.

Rothkelchen (Erythacus rubecula). Gesang der Weibchen 28. Herbstgesang 52.

Rupicola s. Klippenvogel.

Ruticilla phoenicura s. Gartenrothschwanz. R. tithys s. Hausrothschwanz.

S.

Sammelruf der Bachstelzen 34.

Savart, F. Bedeutung der Halbmondfalte 16, 19.

Scheinkämpfe der Waldhühner 83.

Schildkröten. Trachea-Bifurkation 4, 8.

Schlag 43.

Schneespornammer (Plectrophanes nivalis). Wanderung 1.

Schnurren der Spechte 61.

Schopfwachtel (Lophortyx californicus). Sexueller Dimorphismus 25.

Schreivögel. Singmuskulatur 9, 10.

Schwanzmeise (Acredula). Paarung 47, 56.

Schwarzdrossel s. Amsel.

Schwarzkopf (Sylvia atricapilla). Spottvogel 22. Herdentrieb 35. Gesang 45. Sommergesang 51. Sträuben der Kopffedern 74.

Schwarzspecht (Dryocopus martius). Trommeln 61. Paarung 62. Sträuben der Kopffedern 75.

Sclater. Zahl der Vogelarten 92.

Selenka, E. Vogelgesang im Urwald 2.

Sellheim, H. Syrinx des Haushuhns 25.

Siebenrock, F. Luftröhre der Schildkröten 9.

Signalruf 39, 40.

Singdrossel (Turdus musicus). Lockruf 41. Schlag 44.

Singflüge 64, 79.

Singmuskulatur 9, 18. Zum Rectus-System gehörig 14. Funktion 17.

Sitta europaea s. Spechtmeise.

Smerinthus s. Abendpfauenauge.

Sommergesang 51, 59.

Spechte (Pici). Stimme 58. Trommeln 61.

Spechtmeise (Sitta europaea). Lockruf 40. Paarungsruf 50. Hämmern 61. Standort 46, 64.

Spencer, H. Begriff des Instinktes
20. Theorie des Vogelgesangs 30.
Dimorphismus 55.
Spiele. Entstehung aus Instinkten
93. Psychische Wirkung 93.
Spielstimmung 51, 52, 59.
Spottdrossel (Mimus polyglottus).
Schlag 2, 22.
Spottvögel 22.
Sprödigkeit der Weibchen 32, 58,
88.
Sprosser (Luscinia major). Schlag
45.
Staar (Sturnus vulgaris). Spottvogel
22.
Steg 6.
Steinadler (Aquila chrysaetus).
Reigenflug 72.
Stellknorpel 7.
Stimmerzeugung 16.
Stimmlippen 15. St. der Amsel 20.
Stimmmuskeln der Vögel 14. St.
der übrigen Wirbelthiere 15. Funk-
tion 17. Entwicklung 9, 18.
Storch (Ciconia alba). Luftröhre 9.
Klappern 33.
Strandläufer (Tringa). Signalruf
41. Paarungsruf 42.
Strigiceps cyaneus s. Kornweihe.
Sturnus s. Staar.
Sumpfrohrsänger (Acrocephalus
palustris). Spottvogel 22.
Sylvia s. Grasmücke. S. atricapilla
s. Schwarzkopf. S. hortensis s.
Gartengrasmücke.
Syrinx broncho-trachealis 4.
Syrinxskelett 6.

T.

Tänze der Paradiesvögel 78. T. des
Klippenvogels 78, 80. T. des Birk-
hahns 82. T. der Wasservögel 85.
T. des Kranichs 85.
Tagraubvögel (Accipitres). Stimme
33, 57.
Teichhuhn (Gallinula chloropus).
Dimorphismus 26. Stimme 38.
Teichwasserläufer (Totanus stag-
nalis). Singflug 68.

Testudo graeca. Trachea-Bifurka-
tion 4. Elastisches Gewebe der
Trachea 8. T. pardalis. Luftröhre 9.
Tetrao urogallus s. Auerhahn. T.
tetrix s. Birkhahn.
Tetraonidae s. Waldhühner.
Todtenuhr (Anobium). Hämmern
49, 69.
Totanus glareola s. Bruchwasser-
läufer. T. stagnalis s. Teichwasser-
läufer.
Tringa s. Strandläufer.
Troglodytes parvulus s. Zaun-
könig.
Trommel 6. Vollkommene Gliede-
rung beim Weibchen 24.
Trommeln der Spechte 61.
Troupial (Icterus). Gesang 30.
Truthuhn (Meleagris gallopavo).
Syrinx 17. Blähen des Gefieders 75.
Turdidae s. Drosselartige.
Turdus merula s. Amsel. T. musi-
cus s. Singdrossel. T. pilaris s.
Wachholderdrossel. T. iliacus s.
Rothdrossel.

U.

Ueberschlag 45.
Ueberschüssige Lebensenergie
30, 46.
Uebung der Stimme 51.
Uferschilfsänger (Acrocephalus
phragmitis). Singflug 66. Balzflug
75.

V.

Vagus 14.
Vena jugularis 14. V. syringea 15.
Vorerregung. Bedeutung 89.

W.

Wachholderdrossel (Turdus pilaris). Signalruf 41.
Waldhühner (Tetraonidae). Dimorphismus des Stimmapparats 25.
Scheinkämpfe 83.
Waldlaubvogel (Phyllopneuste
sibilatrix). Schwirren 53.